生 ⬛⬛⬛ 学

[英]约翰 ⬛⬛ 著

申晓羽 译

上海科技教育出版社

**图书在版编目(CIP)数据**

生活中的数学/(英)约翰·D.巴罗(John D. Barrow)
著;申晓羽译. —上海:上海科技教育出版社,2023.2
(2024.12 重印)
(数学桥丛书)
书名原文:100 Essential Things You Didn't Know You
Didn't Know

ISBN 978-7-5428-7862-5

Ⅰ.①生…　Ⅱ.①约…　②申…　Ⅲ.①数学—普
及读物　Ⅳ.①O1-49

中国版本图书馆 CIP 数据核字(2022)第 207959 号

**责任编辑**　刘丽曼　吴　昀　顾巧燕
**封面设计**　符　劼

数学桥丛书
**生活中的数学**
[英]约翰·D.巴罗　著
申晓羽　译

**出版发行**　上海科技教育出版社有限公司
　　　　　　(上海市闵行区号景路 159 弄 A 座 8 楼　邮政编码 201101)
**网　　址**　www.sste.com　www.ewen.co
**经　　销**　各地新华书店
**印　　刷**　上海商务联西印刷有限公司
**开　　本**　720×1000　1/16
**印　　张**　17
**版　　次**　2023 年 2 月第 1 版
**印　　次**　2024 年 12 月第 3 次印刷
**书　　号**　ISBN 978-7-5428-7862-5/N·1174
**图　　字**　09-2021-0405
**定　　价**　60.00 元

人们不相信数学简单,是因为他们没有意识到生活有多么复杂。

——约翰·冯·诺伊曼(John von Neumann)


我和父亲不断地研究算术,从分数到小数。最终,我们算出了牛要吃多少草、花多长时间才能将水箱装满水等问题。算术让我深深着迷,如痴如醉。

——阿加莎·克里斯蒂(Agatha Christie)

致戴维(David)和埃玛(Emma)

# 前言

本书都是一些零零散散的片段——日常生活中琐碎而新奇的数学故事,以及一些与此相关的趣闻。书中总共有100个片段,没有刻意排序,没有隐秘的意图,也没有规律可循。有时只有文字,有时还有数字,更多时候,我们给出了一些注释,揭示了表象背后的公式。数学的重要性和趣味性不言而喻——它能教你以一种独一无二的方式认识这个世界。一谈到基础物理学或天文学、宇宙学,我们就觉得它们多么博大精深。但是,在这里你会看到,包含在日常生活中我们极为熟知或视而不见的事物中的简单概念如何焕发光彩,萌生新意。

1999年,我来到剑桥大学主持"千禧年数学计划",书中很多例子都在这一项目的推动下应运而生。要想说明数学能够解释我们周围的众多事物,难度很大;然而一旦做到,就具有强大的说服力,可以鼓励并教会人们(无论长幼)去认识和理解数学在我们认知世界过程中的重要作用。

我要感谢史蒂夫·布拉姆斯(Steve Brams)、玛丽安娜·弗赖伯格(Marianne Freiberger)、珍妮·盖奇(Jenny Gage)、约翰·黑格(John Heigh)、约尔格·亨斯根(Jörg Hensgen)、海伦·乔伊斯(Helen Joyce)、汤姆·柯内尔(Tom Körner)、伊姆雷·利德

（Imre Leader）、德鲁蒙德·莫伊尔（Drummond Moir）、罗伯特·奥瑟曼（Robert Osserman）、珍妮·皮戈特（Jenny Piggott）、戴维·斯皮格尔霍尔特（David Spiegelhalter）、威尔·苏尔金（Will Sulkin）、雷切尔·托马斯（Rachel Thomas）、约翰·H.韦伯（John H. Webb）、马克·韦斯特（Marc West）和罗宾·威尔逊（Robin Wilson）。在他们的论述、鼓励等实质性的帮助下，本书最终得以结集成册，呈现在你面前。

　　最后，感谢伊丽莎白（Elizabeth）、戴维（David）、罗杰（Roger）和路易斯（Louise），他们对本书保持着极大的兴趣，始终密切关注。我的家人现在还常常告诉我为什么电缆塔由三角形构成、为什么走钢丝表演者要手持长竿。对于这些问题，你很快也会知道答案。

约翰·D.巴罗

2008 年 8 月于剑桥大学

preface

# 目　录

# 每 月 电 缆 塔

就像摩西开山劈浪带领以色列人从埃及逃往"应许之地"一样，国家电网公司的 4YG8 电线带着一座座电缆塔，穿过牛津郡的住宅区，浩浩荡荡，一路前往迪德科特电站。

——摘自"每月电缆塔"网站(1999 年 12 月)

关于这个话题，有很多不错的网站，但没有哪个能超越传统的"每月电缆塔"网站，该网站曾一度致力于展示每月最棒和最扣人心弦的明星电缆塔。本节所展示的电缆塔来自苏格兰。现在，这个网站似乎变得像蜘蛛网般错综复杂了，不过我们还是可以学到一些知识——在数学家眼中，每个电缆塔都在述说着一个故事。它们讲述的事物太重要了，似乎无所不在，以至于如同重力一样，反而被忽视了。

以后再乘火车的时候，请留心观察一下车窗外疾驰而过的电缆塔吧。每个电缆塔都由网状的金属框架构成，这些金属框都是由同一形状的多边形构造，这个形状就是三角形。电缆塔上有无数大大小小的三角形，连那些正方形和矩形也都是由几个成对的小三角形构成的。要解释这一现象，可以查看法国数学家柯西(Augustin-Louis Cauchy, 1789—1857)撰写的有趣的数学故事。

图 1.1　郊外的电缆塔

在所有能用金属直杆拼制而成的多边形中,三角形是最特殊的——只有它是稳定的。如果给多边形的各个角都安上铰链,在不折弯金属直杆的情况下,所有的多边形都能变为其他形状。以简单的正方形或矩形为例,我们发现,无需任何弯曲,正方形或矩形就能变成平行四边形(如图 1.2 所示)。要想在强风或温度变化的情况下仍然保持稳定的结构,就要慎重考虑这一点。这就是为什么电缆塔成了备受推崇的三角形图腾的原因。

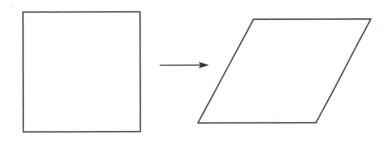

图 1.2　正方形变成平行四边形

如果我们继续考虑三维的形状,情况就大为不同了:柯西指出,给任一具有刚性面的凸多面体(即围成多面体的每一个面所在的平面,都使整个多面体在这个平面的同侧)的每个边安上铰链,该多面体仍然是稳定的。而且,四维或更多维空间中的凸多面体也都是这种情况。

那么,对有些几何面朝内、更易挤压的非凸多面体来说,情况如何呢? 这个问题一直悬而未决。直到 1978 年,罗伯特·康纳利(Robert Connelly)以一个非刚性几何面的非凸多面体为例发现,在几何面非刚性面的情况下,即使多面体可能发生形变,它们的体积也保持不变。然而,建筑工程师对现存的(或未来发现的)非凸多面体实例兴趣不大,因为它们很特殊——它们要求像平衡直立的针尖那样绝对精确的构造。任何偏差都不会造成该多面体产生变化,因此数学家说"几乎所有"多面体都是稳定的。这样看来,要想结构稳固并非难事,但这会使电缆塔被压垮,甚至坍塌。你现在肯定知道电缆塔由三角形构成的原因了吧!

# 手持长竿走钢丝

尽管我出身优越,但我很能自我平衡,只是我脾气不太好,很难与人相处。

——约翰·纳什(John Nash),《美丽心灵》(*A Beautiful Mind*)

人无论做什么,总会有些这样的时候:或在成败之间如履薄冰,或需尽力平衡某两件事,或要避免某一项活动占据自己全部的空闲时间。而那些真正的走钢丝者又是什么情况呢? 有一天,我看了一部过去的新闻短片,其中有一个我们今天十分熟悉的场景:一位狂热的走钢丝者玩命似的,在一道河流奔腾的深谷之上走钢丝。如果一不小心,他就会成为牛顿万有引力定律的又一个受害者。

我们都试过在台阶或木板上保持平衡,根据以往的经验,我们知道有些方法有助于保持平衡直立:不要偏离中心,站直,保持重心较低。这些在马戏学校都会教到,但那些走钢丝者手中常常拿着一根长长的竿子,有时竿子一端会因为重些而歪向一边,有时甚至会在竿子的两头绑上重重的桶。你觉得走钢丝的艺人为何要这样做呢?

要理解走钢丝者为何要握着长竿保持平衡,关键要知道"惯性"。惯性越大,受力时运动起来就越缓慢,这与重心的位置无关。大质量的部分离重心越远,身体的惯性就越大,运动起来就越难。取两个材质不同,但直径与质量相同的球体,一个实心,一个空心。空心球的质量都在离球心较远的表面上,因此它运动起来,或者从斜面上滚下时较慢。与之相似,手持长竿,能使质量远离人体的中心线,这样就能增大走钢丝者的惯性(惯性可用质量乘以距离的平方来计算)。这样一来,平衡位置的任何轻微摆动就会慢些,摆动的时间周期就会长些,走钢丝者就有更多的时间来缓冲摆动,恢复平衡。相比之下,在手指上平衡1米长的棍子要比平衡10厘米长的棍子容易很多。

# 猴子的那些事儿

我的店脑(电脑)上

装有拼写检查器

它检查我写的抱告(报告)

清楚地飙出(标出)

我没发现的措误(错误)


我写这首诗时

边写边用它检察(检查)

你听到惑许(或许)很高兴

其时(其实)它并不好使

谁用谁之道(知道)①

——海恩斯(Barri Haynes)

---

① 括号内为译注,以帮助读者理解原诗。原文故意出现错别字,是为了证明拼写检查器改
错效果不好。——译注

很久以前就有一个传说，一群猴子在打字机上胡乱敲字，最后随机打出的内容居然是莎士比亚的作品。斯威夫特（Jonathan Swift）1782 年在《格列佛游记》中虚构了一位来自拉格多科学研究院的教授，他要其学生通过转动印刷机械的把手产生一些随机的字句，以建立所有科学知识的目录。第一台打字机在 1714 年获得专利权。18—19 世纪，有几位法国数学家以"大量的字母随机组合就能编成一部巨著"作为极端不可能的一个例子。而"打字的猴子"的说法首次出现在 1909 年，法国数学家波莱尔（Émile Borel）认为，一只猴子在打字机键盘上乱敲，最后可能会打出法国国家图书馆的所有藏书。1928 年，爱丁顿（Arthur Eddington）在《自然界的本质》一书中用到了类似的说法，只不过，他将原书中的法国图书馆换成了英国图书馆："如果我在打字机上随机敲打，可能会打出一些妙语箴言。如果让一群猴子在打字机上胡敲乱打，它们可能会将大英博物馆的所有藏书全打出来。"

最后，这个一再被重复的例子以"能重现莎士比亚全部著作"为经典说法。有趣的是，有一个网站曾经模拟打字机键盘连续随机敲打，然后进行"莎士比亚全集"的模式搜索，以识别匹配的字符串。这个猴子行为模拟实验始于 2003 年 7 月 1 日，相当于 100 只猴子同时操作，而且每过几天猴子的数量都会成倍增加，并延续至最近。在这段时间，它们打出了 $10^{35}$ 页的字符，其中每页都要敲键 2000 下。

这里有每日记录，还有全部的字符串记录，直到 2007 年，这个"模仿莎士比亚的猴子诗人计划"才停止更新。其中，每日记录相当稳定，波动范围接近 18 或 19 个字符，而全期记录稳步增加。

比如，下面这段记录中含有猴子打出的字符：

… Theseus.  Now faire UWFIlaNWSK2d6L; wb …

这中间的部分字符跟莎士比亚《仲夏夜之梦》中的

… us.  Now faire Hippolita, our nuptiall houre …

相匹配。过了一会儿，又出现了这样一串字符：

　　… KING. Let fame, that wtIA"'yh!"VYONOvwsFOsbhzkLH …

这跟《爱的徒劳》里面的

　　　　KING. Let fame, that all hunt after in their lives,

　　　　Live regist'red upon our brazen tombs,

　　　　And then grace us in the disgrace of death; …

相匹配。在 2004 年 12 月，打字机记录到了如下字符串：

　　Poet. Good day Sir FhlOiX5a［OM，MLGGtUGSxX4IfeHQbktQ …

这又跟《雅典的泰门》中

　　　　Poet. Good day sir

　　　　Pain. I am glad y'are well

　　Poet. I haue not seene you long, how goes the world?

　　　　Pain. It weares sir, as it growes …

相匹配。截至 2005 年 1 月，在总共模拟了 $2.737\,850 \times 10^{39}$ 只猴子随机输入之后，记录最终获得了 24 个字符：

　　RUMOUR. Open your ears; 9r"5j5&? OWTY Z0d 'B-nEoF. vjSqj［…

它与《亨利四世》第二幕中的

　　　　RUMOUR. Open your ears; for which of you will stop

　　　　The vent of hearing when loud Rumour speaks?

相匹配。

所有这些表明：一切只是时间问题！

# 特殊的独立日

我曾看到过一个理论,说在飞机乘客中,炸弹携带者的概率约为千分之一。从那时起,我每次坐飞机都会携带一个炸弹,我觉得两个人同时携带炸弹的情况几乎是不可能的。

——无名氏

1977 年 7 月 4 日独立日这天,令人难忘。这天是英格兰这些年来最热的一天,也是我在牛津大学参加博士论文答辩的日子。独立日本来就有点特殊,而且更为特殊的是,考官问我的第一个问题不是论文的主题宇宙学,而是统计学。其中有位考官发现了论文中的 32 处排版错误(那时候还没有文字处理器和拼写检查器),另一位发现了 23 处。问题是,他们都没发现的错误还有几处呢?查看之后我发现,他们都找出的错误有 16 处。令人惊奇的是,知道了这一点后,我们可以得出结论:即论文中共有多少处错误。只要假定这两位考官是独立工作的,即他们各自发现某个错误的概率与对方无关。

我们假设这两位考官分别发现了 $A$ 处错误和 $B$ 处错误,且都发现的错误为 $C$ 处。现在,假定第一位考官发现一个错误的概率为 $a$,另一位发现一个错误的概率为 $b$。如果论文中出现的排版错误总数为 $T$,则 $A = aT$,$B = bT$。如果两位考官是独立校对的,我们就能确定 $C = abT$(这一点很重要),那么 $AB = abT^2 = CT$,因此排版错误的总数为 $T = AB/C$,与 $a$ 和 $b$ 的数值无关。两位考官发现的错误总数(不能把他们都发现的错误数 $C$ 算上两次)为 $A + B - C$,那么他们都没找到的错误数为 $T - (A + B - C)$,即 $(A - C)(B - C)/C$,即用他们各自发现而对方没有发现的错误数的乘积除以他们都发现的错误数。这个结果很有意义:如果他们各自都发现了很多错误,但两者之间没有重合,就说明他们的校对工作做得不好,而且他们都没找到的错误还有很多。针对我的论文来说,$A = 32$,$B = 23$,$C = 16$,因此还未找出的错误数应该为 $(16 \times 7)/16 = 7$。

类似的推理适用于多种情况。比如,让几位石油勘探人员独立勘探石油时,还有几处他们没找到?或者,如果生态学家想知道在某片树林中有多少种动物或鸟类,根据观测者做的 24 小时统计,运用此推理,这些问题就可以迎刃而解。

在文学分析时,也出现过类似问题。1976 年,考虑到文中同一词语的多次使用,斯坦福大学的统计学家运用该方法,通过研究莎士比亚作品中使用的不同词语数量,估测了莎士比亚的词汇量。结果显示,莎士比亚共写下了 900 000 个词,总共用了 31 534 个不同的单词,其中 14 376 个单词只出现了一次,4343 个出现了两次,2293 个出现了三次。据此,统计学家预测,除了作品中使用的词语,莎士比亚至少还知道 35 000 个单词,即他的总词汇量为 66 500 个单词。巧的是,你所知道的,也是这个数字。

# 橄榄球和相对论

　　我不能说自己对橄榄球所知甚多。当然,我知道它的基本规则,知道比赛的主要目的是将球向对方阵地推进,争取越过得分线进入对方端区得分。在比赛中,双方可以进行一定的人身攻击,这在其他任何地方都是不被允许的;而且在其他情况下,当事人都会被拘留 14 天,并受到法官严厉的批评教育。

——沃德豪斯(P. G. Wodehouse),

《吉夫斯,好样儿的》(*Very Good, Jeeves*)

　　其实,运动的相对性不仅仅是爱因斯坦(Albert Einstein)想要讨论的问题。我们大家都有过这样的经历:自己乘坐的火车停靠在站台上,突然感觉好像车开动了起来,结果却发现是旁边轨道上的火车在朝相反方向行驶,而自己乘的这列火车其实纹丝不动。

　　还有一个例子:五年前,在我访问悉尼的新南威尔士大学的两周期间,橄榄球世界杯赛正是新闻媒体和公众关注的焦点。在电视上看了几场比赛后,我发现一个与相对性有关的有趣问题,这是演播室中的名流们未曾注意的。向前传球是相对什么而言的? 成文规则很明确:将球投入对方的球门线就叫作向前传球。然而,根据运动的相对性,在运动员移动的情况下,观测者要判断向前传球就相当微妙了。

如图 5.1 所示,假设两名进攻球员以 8 米/秒的速度沿着相距 5 米的平行线朝着对手的球门线运动。其中接球者落后于带球的传球者 1 米。传球者传出的球以 10 米/秒的速度向接球者飞去。球相对于地面的速度实际为 $\sqrt{10^2+8^2}=$ 12.8 米/秒,在相距 5 米的这两位进攻球员间的运行时间为 0.4 秒。在这个时间间隔中,接球者已经跑了 $8 \times 0.4 = 3.2$ 米;当球传出时,他还在传球者后面 1 米远处;而当他接到球时,在位于初始传球线上的巡边员看来,他已经在传球者前面 2.2 米处了。这时,巡边员就认为是向前传球,就会挥舞手中的旗子。不过,裁判在一起跑着,看不到球向前运动,因此挥旗继续!

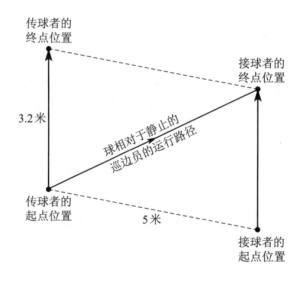

图 5.1　传球线路

# 车轮滚滚

我的心像车轮。

——保罗·麦卡特尼(Paul McCartney),《转动起来》(*Let Me Roll It*)

  一个周末,我在报纸上看到一个针对"在英国建筑密集区域限速20英里①/时并在必要的地方硬性安装超速相机"这一提议进行的讨论。除考虑到道路安全因素之外,还有一些有趣的想法,说超速相机最终可能抓拍下大批严重超速的骑自行车的人。为什么会这样呢?

  假设一辆自行车以速度$v$向测速装置行进,则相对于地面来说,轮毂和驾驶者的身体运动速度都是$v$。仔细看看,在旋转的车轮上,各个点是怎样运动的?如果车轮不滑行,那么车轮上触地点相对于地面的速度为零。设车轮半径为$R$,车轮转动的角速度为$\omega$转/秒,则触地点的速度也可写为$v-R\omega$。该数值应为零,得出$v$等于$R\omega$。车轮中心的前进速度为$v$,而轮子顶部的速度为前进速度$v$和转动速度之和,等于$v+R\omega$,即$2v$。这样一来,对于正在行进或倒退的自行车,如果超速相机测的是车轮顶部的速度,那它记下的速度就是骑车者真正速度的

---

①  1英里≈1.609千米。——译注

两倍。对于你们这些博学的朋友来说,这一点听起来或许很有趣,但我还是建议大家在骑自行车时使用一对挡泥板。

# 比例观念

如果你无需思考就发现了真理，那么经过逻辑思考，你一定会发现真理。

——切斯特顿（G. K. Chesterton）

随着年龄的增长，我们越来越强壮。环视四周，我们也见识到强度随着大小增加而增加的各种情况。比如，人们公认拳击、摔跤和举重比赛需要根据选手的体重来分级，因为体重更大的选手力气更大。那么，强度是如何随着体重或大小的增加而增加的呢？它会与之齐头并进吗？毕竟，一只小猫可以将毛茸茸的尾巴挺得笔直，然而体积大得多的猫妈妈就不行了，她的尾巴较重，自然就弯曲了。

用一些简单的例子就能很好地加以诠释。比如，拿一个短面包条，掰成两半，再拿一个长一点的，掰成两半。如果两次手握的位置离断裂点同样远，你会觉得，掰长面包条跟短面包条一样容易。略微思考一下就知道原因了。面包条沿着薄片裂开时，所发生的事情就是：面包条中一片薄薄的分子键断裂了，然后面包条就被掰开了，而面包条其他部分完好无缺。就算有 100 米长，要掰开那一薄片分子键也不难。面包条的强度是由横断面上所需断开的分子键的数量决定的，横截面越大，所需断开的分子键越多，面包条的强度就越大。因此，强度大小和横截面面积成正比，而横截面面积通常又跟直径的平方成正比。

面包条和举重选手等都有恒定的密度,其密度只取决于组成原子的平均密度。物体的密度等于其质量除以体积,即质量除以尺寸的立方。在地球表面,质量跟重量成正比,因此我们期望,对于球体状物体,存在简单的比例定律:(强度)$^3 \propto$(重量)$^2$。

单凭这条简单的经验法则,我们就能理解各种各样的事物。强度与重量的比例符合"强度/重量 $\propto$(重量)$^{-1/3} \propto 1/$尺寸"。因此,人在成长的过程中,力气却不会随着体重的增加而稳步增长。如果身体横向纵向均匀增长,人最终可能因为体重太大,骨骼无法承受而垮掉。因此,陆地上由分子和原子构成的物体都有一个最大尺寸限制,无论是恐龙、树木还是建筑物。如果不断增加它们的形状和大小,最终会使它们的体重太大而导致底部的分子键断裂,进而造成自身的崩溃瓦解。

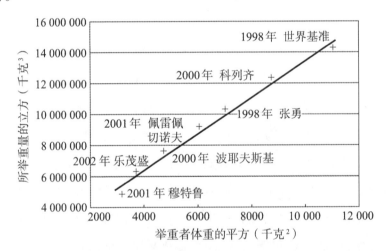

图 7.1 挺举比赛中所举重量与举重者体重之间的关系

再回到开始说的运动吧。在这几项运动中,人的体积和体重都很大,因此,比赛者要根据体重参加不同级别的比赛。根据这条"定律",我们预测,所举重量的立方与举重者体重的平方成正比例关系。图 7.1 所示就是根据目前各体重级别的世界男子挺举纪录绘制而成的。

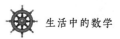

这几乎完全吻合！有时候，数学能让生活变得简单。考虑到这条"定律"，图中直线最上面的举重者是"重量级"举重者中最为强壮的，他举起的重量最大。然而，把选手的体积也考虑进来，相比之下，他的力气其实最小。

# 为什么另一支队伍总是动得快些

别人的草坪总是绿一些。

另一边的太阳总是亮一些。

——克拉克(Petula Clark)唱

你应该已经注意到,在机场或邮局排队时,别人的队伍总是动得快些。交通繁忙时,其他车道上的车似乎总比自己这条道上的快,即使你换到别的路上行驶,还是觉得别人路上的车快些。这种情况就是"墨菲法则"(造物弄人法则),它常常表现为一种事与愿违的倾向,或者也可以说,这是人类偏执或选择性记录的又一种表现。我们对那些机缘巧合印象深刻,却不会停下来回想一下有那么多我们未曾记下的并非巧合的事情。事实上,人们常常感觉自己的队伍慢一些,这不是错觉,而是因为,一般来讲你确实常常排在行动缓慢的队伍中。

原因很简单:一般来讲,人和车越多的队伍和道路动得就越慢。因此,你更可能身处这些队伍中,而不是在那些人少车少的队伍中。

"一般来讲"这一限制条件在此无比重要。某些队伍都会有这样那样的偶发事件,比如,有人忘带钱包,或者有人的车速低于48千米/时。你不一定总是排在最慢的那支队伍,但考虑到你排过的所有队伍,一般来说,你可能常常排在

大部分人所在的拥挤队伍中了。

这种自我选择是一种偏见,在科学领域和数据分析方面,一旦忽略了它,结果就会大为不同。假设你想验证那些定期做礼拜的人是否比很少做礼拜的人身体更健康,就必须避开一个陷阱。身体太差的人不能去做礼拜,所以你只统计教堂会众的人数,关注他们的健康状况,这样得出的结果肯定是错误的。与之相似,当我们观望宇宙时,心中可能有一个"原则"(受哥白尼启发),即我们不要以为自己在宇宙中的位置很特殊。然而,虽然我们不能期待自己的位置在方方面面都很特殊,但要知道,在某种程度上还是有它的特殊之处。只有在一些特定的环境中,生命才会存在:它最可能出现在有恒星和行星的地方。这些结构形式存在于尘土原料更为丰富的特殊地方。因此,当我们从事科研或面对数据时,要探讨结果的准确性,最重要的就是问问是否存在偏见,从而导致我们得出此结论而非彼结论。

# 两人结伴，
# 三人成群

人生有起必有落。

——无名氏

　　人们发现，两个关系很好的人常会随着第三人的到来而变得关系不稳定。将重力是引力这一点考虑进来时，这种情况就变得更为明显。牛顿告诉我们，两个物体在引力的作用下，可以围绕质心沿着恒定的轨道运行，就像地球和月球那样。不过，当该系统中进入了质量相近的第三者时，通常就会发生巨大变化：由于万有引力，其中一个物体被踢出系统，另外两个则进入更为稳定的轨道。

　　这种简单的"弹弓"效应正是夏志宏（Jeff Xia）在1992年发现的牛顿引力论的反直觉特性的原因。首先，取四个质量为 $M$ 的质点，让它们两两一组，分别在两个平行的平面上逆向旋转（这样就不会整体旋转）。然后，引入第五个质量较小的质点 $m$，让它沿着两组质心之间的直线来回摆动。这五个质点在有限的时间内将被推至无穷远，如图9.1所示。

　　为什么会这样呢？这个来回摆动的小质点从一组跑到另一组，在一组制造三体问题之后被逐出，而这一组就向外反冲以保持动量守恒。而这个最轻的质点又运动到另一组，相同的场景重复出现。这个过程循环往复，无止无尽。在无

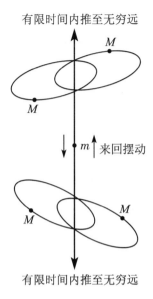

有限时间内推至无穷远

$m$ 来回摆动

有限时间内推至无穷远

**图9.1 夏志宏构造的系统**

数次的摆动中,这两组质点速度不断增大,以至于它们的距离在有限的时间内达到无穷远。

其实,这个例子解决了哲学家们提出的一个古老问题,即在有限的时间内能否完成无数次的动作。很明显,在没有速度限制的牛顿学说中,这是可行的。然而,不幸(抑或幸运)的是,考虑到爱因斯坦提出的相对论,这就无法实现了。在爱因斯坦的运动和引力理论中,没有任何介质的传播速度能超过光速,万有引力不可能无限大,而两个物体也不可能无限接近而发生反冲。当两个质量为 $M$ 的物体距离小于 $4GM/c^2$(其中 $G$ 为牛顿万有引力常数,$c$ 为光速)时,在它们周围就会形成一个不可逆的"地平线"表面,然后就形成一个它们无法逃出的黑洞。

在自家花园就可以做一个简单的实验,以证明重力的弹弓效应。该实验可以展示三个物体在相互接近(在天体中的情况)或发生碰撞(就像接下来的实验中一样)的过程中,如何联合起来产生大的反冲以保持动量守恒。

该实验中,三个物体分别为地球、一个大球(如篮球或光面足球)和一个小球(如乒乓球或网球)。将小球放在大球上方,间隔一木箱的高度,让两个球同时落下。大球会先碰到地面,然后向上反弹,撞到正在下降的小球。结果令人震惊:小球反弹的高度是它从同一高度正常落下碰到地面所能反弹的高度的 9 倍。① 知道这一点,你就应该不会在室内进行这个实验了吧。

---

① 篮球以速度 $v$ 从地面反弹起来,与正在以速度 $v$ 下降的乒乓球发生碰撞。因此,乒乓球发生碰撞后,速度改为反向,相对于篮球,它是以 $2v$ 的速度向上反弹。而篮球相对地面是以速度 $v$ 运动,所以乒乓球在碰撞后相对于地面是以 $2v + v = 3v$ 的速度向上运动。高度与 $v^2$ 成正比,即该情况下乒乓球达到的高度是不发生碰撞的情况下所能反弹高度的 $3^2 = 9$ 倍。实际操作时,反弹过程中造成的能量损耗会使其实际高度略小于该数值。

# 这世界其实很小

世界很小，可我们都在绕大圈子。

——阿泽维多（Sasha Azevedo）

你认识多少人？平均一下，凑个整数，比如有 100 人。如果你认识的这 100 人每人分别又认识另外的 100 人，那么，只通过一步你就与 10 000 人建立了联系。其实，你的关系网之大远远超乎你的想象。像这样算 $n$ 步，你就与 $10^{2(n+1)}$ 个人建立了联系。据统计，2005 年左右全球人口已达到 66.5 亿，即 $10^{9.8}$。因此，当 $2(n+1) > 9.8$ 时，你关系网中的人数就超出了世界人口。当 $n > 3.9$ 时，就会出现这种情况，所以只需 4 步就可以把全球的人纳入关系网。

这个结论十分惊人。它的很多假设都是不成立的，比如，你所有朋友的朋友不会有重合。如果把这一点考虑进去再做更为细致的计算，仍会得出近似的结果——仅仅 6 步就足以让你与地球上的任何人都建立起联系。试试吧，你将会感到惊讶——在区区 6 步之内自己竟然与名人扯上了关系。

在这里，有一个经不起检测的潜在假设：考虑一下你与英国首相、大卫·贝克汉姆或教皇之间的联系，你与这些名人的关系极近，因为他们与其他很多人都有联系。然而，当你尝试与一个亚马孙印第安部落成员或一位蒙古牧民建立联系时,你会发现这条关系链要长得多,更有甚者,几乎很难跟他们扯上关系;因为这些个体生活在"小党派"之中,他们与自己小群体之外的人很少有联系。

图 10.1　连通性较差的关系链

如果你的关系网是一条链(如图 10.1 所示)或一个圈,只与自己两侧的人有联系,整体的连通性就非常差。然而,如果处于如图 10.2 所示这样任意连接更多的关系环中,那你就能很快从环上的一点到达另一点。

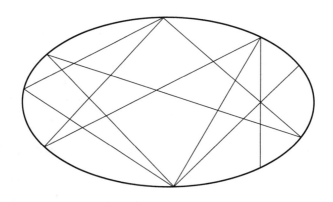

图 10.2　连通性较好的关系环

近些年来,我们开始认识到远程联系对于整体的连通性影响有多大。一些中枢区域与旁支联系较多,通过在它们之间添加一些远程连接,中枢之间的联系更为高效。

有时候,这些观点非常有用。比如,计算为保证移动手机用户间都能联系而需要多大的覆盖面,或某些传染病患者在与人群接触时怎样传播疾病。当航空公司设计航空中枢和航线以便缩短飞行时间或通过略微改变几个航班来连接更多城市或降低费用时,就需要考虑"小小世界"的网络这种令人意外的特性。

对连通性的研究告诉我们:"世界"存在于多种层面。交通线路、电话线、邮路等均创建了相互连通的网络,这些网络以不可思议的方式将人们紧密地联系在一起。一切事物都比我们想象的要接近很多。

# 天堑变通途

像跨过忧郁河上的桥。

——保罗·西蒙(Paul Simon)和阿特·加芬克尔(Art Garfunkel)

人类工程史上最伟大的成就之一,就是在不可跨越的河流和峡谷之上架起了桥梁。这些大型建筑的艺术美感,使其成为现代世界奇观之首。美丽的金门大桥、布鲁内尔(Isambard Brunel)设计的克里夫顿悬索桥和巴西的埃尔西利乌卢斯桥,都有着宏伟壮丽的流畅外观。它们是怎样构造的呢?

当重物和链条被悬起时,会出现两种有趣的形状,而对这两种形状,人们常常混淆,甚至就直接看成是一种。对于这点,人们常抱有的疑问就是,悬挂在同一水平线上两个端点的链条或绳子,会呈现出何种形状? 第一位声称知道答案的人是伽利略,他在 1638 年提出,这样悬垂的链条在重力作用下会形成一条抛物线(其表达式为 $y^2 = Ax$,其中 $A$ 为任意正数)。不过,在 1669 年,约阿希姆·容吉乌斯(Joachim Jungius)——一位对物理难题中的应用数学格外感兴趣的德国数学家——指出了伽利略的错误。1690 年,约翰·伯努利(Johann Bernoulli)对这个结论提出了挑战。次年,莱布尼茨(Gottfried Leibniz)、惠更斯(Christiaan Huygens)、大卫·格雷戈里(David Gregory)和约翰·伯努利又重新对悬链做了

**图 11.1 圣路易斯的大拱门**

具体测算,悬链线的表达式最终得以盖棺定论。惠更斯在写给莱布尼茨的信中,首次将这种曲线称作悬链线(catenaria),它源自拉丁语"链条"(catena),该词的英语对应词是"catenary",出自美国总统托马斯·杰弗逊(Thomas Jefferson)于1788年9月15日写给托马斯·潘恩(Thomas Paine)的信中,原信是关于桥梁设计的讨论。这种形状的别称还有 chainette 或 funicular。

悬链线形状显示出,它的张力支撑着链条自身的质量,且悬链上任意一点承受的总重与该点和悬链最低点之间的距离成正比。悬链线的方程为 $y = B\cosh(x/B)$,其中 $B$ 为链条张力除以每个单位长度的质量得出的常数。[1] 当悬链两端相互靠近或远离时,这种曲线的形状仍然可以用该方程表示,但对于悬链两端不同的距离，$B$ 有不同的数值。让悬链重心尽可能低，也可以得到这种曲线。

在密苏里州的圣路易斯，可以看到一个人造悬链奇观——大拱门（如图 11.1 所示），一个倒置的悬链线。这是自承式拱形的最佳形状，可以将形变压力减至最小，因为压力通常沿着拱形线条指向地面。这种拱形蕴含了精确的数学公式。出于这些原因，建筑师常常运用悬垂线拱形，从而优化建筑结构的强度和稳定性。还有一个著名案例就是安东尼·高迪（Antoni Gaudi）的未竟之作，即巴塞罗那神圣家族大教堂中高耸的拱梁。

另一个秀美之作就是英国著名建筑师纳什（John Nash）1819 年为大炮博物馆设计的圆形建筑（如图 11.2 所示），坐落在伦敦伍科奇科曼军事区附近。受士兵们的半悬链线曲线锥形帐篷的启发，他采用了独特的帐篷式屋顶设计。

图 11.2　纳什设计的圆形建筑

然而，悬链和索桥（如克里夫顿悬索桥和金门大桥）之间有一个很大的区别。索桥不仅要能支撑自身钢缆或锁链的质量，还要靠缆索承受巨重的桥面。如果桥面是水平的，而且密度固定，横断面均匀，那么其缆索的形状就是抛物线 $y = x^2/(2B)$，其中 $B$ 为张力除以桥面每单位长度的质量得出的常数。

最为杰出的悬链式建筑之一就是克里夫顿悬索桥，它位于布里斯托尔，由布鲁内尔于 1829 年设计，但在设计师逝世三年之后即 1865 年才竣工。它优美的抛物线构造似乎述说着对布鲁内尔——继阿基米德之后最伟大的一位工程师的不朽纪念。

# 集卡片的故事

为什么孩子们不再收集小玩意了？这些被精心保管的集邮册怎么办？

——BBC 广播第四频道节目《妇女时间》(*Woman's Hour*)

上周末，我在书橱最里面的一堆书中发现了小时候收集的两套卡片。每一套都有 50 张精致的彩图，上面都是些经典轿车，卡片的背面还附有详细的设计和规格说明。卡片收集曾经风靡一时，如收集战斗机、动物、花草、船和体育明星卡片等——好像男孩子最喜欢收集这些；他们购买各种包装的泡泡糖、早餐麦片或袋装茶，以积攒这些卡片。就像今天的帕尼尼球星贴纸一样，在英国最受欢迎的体育卡片是足球(在美国是棒球)，那时我常常怀疑是不是所有的球星卡都生产得一样多。反正大家都想拼命找到最后一张"鲍比·查尔顿"(Bobby Charlton)①的卡片，以凑齐一整套。其他所有卡片都可以通过跟朋友交换多余的重复卡片而得到，但最重要的这张，大家都很难弄到。

欣慰的是，我的孩子们也喜欢做这些。也许收集的东西不一样，但基本理念是一样的。那么，这跟数学又有什么关系呢？有一个问题挺有意思：假设一套卡

———————————

① 世界公认的英格兰足坛第一号明星，曼联历史上最伟大的球员之一。——译注

片中每张的产量都一样多,在打开每一套包装时出现的概率相同,那我们要想凑足全套卡片,总共要买多少张呢?我找到的那两套轿车卡片每套都有 50 张。我得到的第一张卡片始终是我之前没有得到的,但第二张呢?第二张卡片之前没得到的可能性为 49/50,第三张就是 48/50,以此类推。

得到 40 张不同的卡片之后,下一次得到这 40 张之外的卡片的概率就为 10/50。平均来说,需要再买 50/10,即 5 张卡片,才能将得到一张非重复新卡片的均等概率增大。因此,平均起来,要凑足全套 50 张,所需购买卡片的总数就是下列 50 项的总和:50/50 + 50/49 + 50/48 + ⋯ + 50/3 + 50/2 + 50/1。

其中第一项为得到第一张卡片的情况,后面各项分别表示要得到这一套卡片中的第二、第三张……需要购买几张卡片。

我们收集的那些卡片种类数量不尽相同,假设一套含任意张卡片,即 $n$ 张。根据同样的逻辑得出,平均起来我们总共要买卡片 $n/n + n/(n-1) + n/(n-2) + \cdots + n/2 + n/1$ 张。提取公因数 $n$,这个式子就变成了 $n(1 + 1/2 + 1/3 + \cdots + 1/n)$。括号中所有项的总和就是著名的调和级数。当 $n$ 值变大,这个算式的结果就接近于 $0.58 + \ln n$,这里的 $\ln n$ 为 $n$ 的自然对数。当 $n$ 足够大时,要凑齐一整套的话,平均起来我们总共要买的卡片数约为 $n \times (0.58 + \ln n)$。

就我那两套各含 50 张的轿车卡片来说,结果为 224.5,即平均而言,我要买 225 张卡片才能凑齐一套。同时,计算结果显示,跟凑足半套相比,要凑足剩下的半套更是难上加难。要凑齐半套(即 $n/2$ 张)卡片,需买卡片的数目为 $n/n + n/(n-1) + n/(n-2) + \cdots + n/(n/2)$。这就是 $n$ 乘以 $n$ 项和 $n/2$ 项调和级数的差别。因此,凑齐半套所需卡片数约为 $n \times (\ln n + 0.58 - \ln(n/2) - 0.58) = n \ln 2 = 0.7n$。即对于我那种 50 张一套的卡片来说,只需买 35 张,就可以凑齐一半。

不知道制造商当初有没有做过这样的计算。他们应该是算过的,就连你我也能算出长期销售这种成套卡片可以获得的最大利润。然而,这也只是可能的最大利润而已,因为收集者也会直接买别人的卡片或跟人互换,不一定会买新卡片。

朋友们跟你互换重复的卡片,会有什么影响呢?

假设你有 $F$ 个朋友,你们合伙来收集卡片,总共要收集 $F+1$ 套,这样每人都会有一套。需要买多少张卡片呢? 一般来说,需要购买的卡片数 $n$ 较大,大家分摊这些卡片时,答案接近于 $n \times (\ln n + F \ln(\ln n) + 0.58)$。而如果不互换,每人独立收集一套,你就需要买 $(F+1)n(\ln n + 0.58)$ 张卡片,这样才能凑齐 $F+1$ 套。当 $n=50$ 时,就可以少买 $156F$ 张,就算 $F=1$,也是相当经济的。

稍微懂点统计学知识就可以知道,$(F+1)n(\ln n + 0.58)$ 数值的可能偏差接近 $1.3n$。这一点在实际操作中意义重大,因为它意味着"需要收集不多不少于平均 $1.3n$ 张卡片"这一事件的概率为 66%;就 50 张一套的卡片来说,这个期望数值为 65。有个小故事,讲的是几年前有个财团企图通过计算"囊括所有彩票号码(因此,中奖号码当然也漏不掉)平均所需购买的彩票张数",来命中某一国家彩票。这些人忽略了可能的偏差范围,但还是很幸运——那张中奖彩票就在他们所买的几百万张彩票当中。

如果每张卡片出现的概率不同,这个问题就更难了,不过还是可以解决的。这种情况就跟收集所有发行年号的硬币一样。你不知道每年铸造的硬币数量是否相同(不过,几乎可以确定不同),或者后来又有多少被收回,因此,便不能指望收集到一枚 1840 年发行的便士与 1890 年发行的便士的概率相同。但是,如果你真的找到了一枚 1933 年的英国便士(这一年只发行了 7 种,其中 6 种已有记录),拜托一定要告诉我。

# 计 数 啦

我们应该养成思考我们在做什么的习惯，这是大错特错的陈词滥调。事实恰恰相反，文明是通过增加那些我们不加考虑就能实施的行为的数目而进步的。

——怀特海（Alfred Whitehead）

绝望的囚徒被幽禁在阴冷黑暗的牢房，被人遗忘。日子一天天过去，在缓慢逝去的岁月里，越来越多的人进进出出。这是个常见的电影场景，但其中却蕴含着一个有趣的数学问题。囚徒用自己的标记体系在牢房的墙上记录着日子。在欧洲和非洲，有关计数的最早记录可追溯到 3 万多年前，这些类似的精心制作的计数标记在岁月的流逝中保留了下来。

普通的欧式计数法要追溯至手指计数，用一根竖线代表 1 个，画完四根竖线 ⅢⅠ 后，加一根斜线 ⅢⅠ 来表示 5，后面 5 个又是 ⅢⅠ，以此类推。用竖线加上斜线来计数，就是我们建立正式计数体系之前的计数方法。之后，又出现了罗马数字 Ⅰ，Ⅱ，Ⅲ 的计数体系和中国的较为简单的筹棍计数体系。它们跟简单的手指计数法密切相关，以 5 和 10 作为累积计数的基数。古代计数是通过在骨头或木头上刻记号来记录。单个的刻痕记录前几个数，而分别用半交叉 Ⅴ 和全交叉 Ⅹ 来表示 5 和 10，后来就有了罗马数字 Ⅴ 和 Ⅹ。4 可以通过累加写成 ⅢⅠ，或改写成

Ⅳ。作为英国重要的官方事务,这种计数法的地位一直保持至 1826 年,其间英国财政部用大量的符木(计数木棍)来记录进出国库的大笔资金。这种用法也是 score(意思是刻记号、计数和数值 20)这个多义词的来源,而 tally(计数)一词来源于 tailor 一词,表示"切割剪裁"。财政部有债务没有收回时,就把这部分符木从中劈开,欠债者和财政部各执一半,债务偿清之后,就把这两半合在一起,表示他们两清了(tallied)。

清点这些符木特别费力,尤其是总量巨大时。单个符木可以默数,然后叠加。在南美,我们发现人们有时会用另一种便于记忆的计数体系:依次用正方形的四条边统计,最后用两条对角线做结,即⊠。

我们对这种用正方形框架计数的一种变体较为熟悉:板球比赛时,我们通过用两两一组组成三组记作 6 分的方式来记分,用一个点表示击球跑动中失分或得分,或用"w"表示一名击球员跌倒。其他符号分别表示歪球、穿越球、坏球和触身球。如果 6 个球的击球跑动都得分,则将这 6 个点连起来形成字母"M"的形状,表示这一轮投球得分;如果击球跑动都未得分,而且还出现一次击球员跌倒,就连成字母"W"的形状,表示这一轮击球未得分。这样,一瞧记分簿便能了解当前的比赛格局及哪几轮未得分。

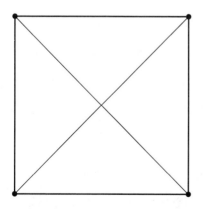

图 13.1　一种理想的记录法

在此,我试图将南美计数法和板球记分法结合起来创造一种理想的记录法,来帮助以十进制计数而不用数到 10 根直线来判断跑动总数是多少了。首先,从 1 数到 4 用正方形的四个顶点表示,接下来的 5 到 8 就加四条边,数到 9 和 10 就加两条对角线(如图 13.1 所示)。每一个 10 都可以用一个正方形的所有顶点和六条线表示,下一个 10 就再用一个新的正方形。这样一来,有多少个 10 就一目了然了。

# 关　系

关系:有教养的讲话者在公众场合用这个词语来表示他的家庭成员及亲属。

——艾默里(Cleveland Amory)

很多杂志上都刊登过无数探讨"关系"的文章和信件。究其原因:关系十分复杂,时而妙趣横生,时而变幻无常、不可捉摸。这时,数学就派上了大用场。

事物之间最简单的关系具有一种特性,叫作"可递性",它能让生活变得简单。"比……高"就是一种可递性关系。所以,如果 A 比 B 高,B 又比 C 高,那么,A 一定比 C 高。这种关系是高度的一种性质,但并非所有关系都如此。A 喜欢 B,B 喜欢 C,但这并不意味着 A 喜欢 C,这就是一种不可递性关系。当意见不能达成一致且需要作出决定时,这些"不可递性"关系就会引发异常情况。

假设 A,B 和 C 三人要合伙买一辆二手轿车,当时有三种车可选:一辆奥迪,一辆宝马和一辆里来恩特知更鸟牌轿车。他们的意见不一致,于是决定投票定夺。每人写下了自己的购买意向,如表 14.1 所示:

表 14.1　汽车购买意向表

|  | 首选 | 第二选择 | 第三选择 |
|---|---|---|---|
| A | 奥迪 | 宝马 | 里来恩特知更鸟 |
| B | 宝马 | 里来恩特知更鸟 | 奥迪 |
| C | 里来恩特知更鸟 | 奥迪 | 宝马 |

这种投票乍一看很有效,奥迪以 2 比 1 胜宝马,宝马以 2 比 1 胜里来恩特知更鸟,但奇怪的是,里来恩特知更鸟又以 2 比 1 胜了奥迪。"偏爱"跟"喜欢"一样,是一种不可递性关系,如果使用不慎,就会产生蹩脚的悖论。一些小范围的选择,如选拔人才、选举体育队长,甚至是挑选一辆车,都充满了悖论。这是选举者们一定要注意的。

面对这样一种三难选择的窘境,A,B,C 三人决定放弃买车,而合伙租一套房子。唉,更多决定要纷至沓来了。要不要装修客厅? 要不要清理花园? 要不要买一台新电视机? 这些意见都没有达成一致,于是他们就通过依次给这三个问题投"要"或"不要"的票来决定。他们的选择情况如表 14.2 所示:

表 14.2　家庭事务处理意见表(三人版)

|  | 装修房屋 | 清理花园 | 买电视机 |
|---|---|---|---|
| A | 要 | 要 | 不要 |
| B | 不要 | 要 | 要 |
| C | 要 | 不要 | 要 |
| 大多数意见 | 要 | 要 | 要 |

结果看起来很清楚。以 2 比 1 的多数优势,这三件事都要做。不过,这样一来,资金又有些不足,这三人意识到需要再找两个人来拼房,才付得起房租。一通电话后,他们找到了新室友 D 和 E,这两人很快带着行李搬过来住了。当然,D 和 E 觉得在房屋装修、清理花园和买电视机的问题上自己也要有发言权,这样才公平。他们两人对这三项提议都投了否决票,而 A,B,C 三人丝毫不动摇,意

见不变。现在,家庭事务又出现了如表14.3所示的奇怪局面。

表14.3　家庭事务处理意见表(五人版)

|  | 装修房屋 | 清理花园 | 买电视机 |
|---|---|---|---|
| A | 要 | 要 | 不要 |
| B | 不要 | 要 | 要 |
| C | 要 | 不要 | 要 |
| 先前的大多数意见 | 要 | 要 | 要 |
| D | 不要 | 不要 | 不要 |
| E | 不要 | 不要 | 不要 |
| 总体决定 | 不要 | 不要 | 不要 |

可以看出,否决票已经颠覆了每个问题的答案。现在,以3比2多数对少数决定不装修房屋,不清理花园,不买电视机。更令人惊奇的事实是,在这三个问题上,作为多数群体的A,B和C分别输掉了两个问题,即他们没有投"不要"的那两个。A在房屋和花园问题上失策,B在花园和电视问题上失策,而C在房屋和电视问题上失策。这样,大多数人(3/5)在大多数问题上(2/3)败给了少数!

# 如何用数学
# 赢得赛马

"要保持警惕,严防任何合法的博彩活动渗进违法利益,包括高薪高智商且有巨额资金来源的精明之人有组织性地雇佣法律、财会、管理、餐饮和演艺界顶尖人士。"对最后的餐饮和演艺界我不太确定,但不管过去还是现在,这句话一直适用。

——福克兰子爵(Viscount Falkland)引自《罗思柴尔德委员会关于博彩业的报告》(*Report of Rothschild Commission on Gambling*)(1979)

前阵子在电视上看到一部犯罪片,讲述了在一场赛马比赛中,赌注登记人想通过毒死最被看好的那匹马来欺诈庄家。这部片子着重于表现谋杀等情节,而没有解释这起赌局诈骗的始末。那么这起赌局会有什么结果呢?

假设有一场赛马,有 $n$ 位选手,给投注者的赔率已经公开,分别为 $a_1:1, a_2:1, a_3:1, \cdots\cdots$如果赔率是 5:4,记作 5/4:1。如果我们根据赔率赌全部 $n$ 位选手,则押在赔率为 $a_1:1$ 的选手身上的钱就占我们总赌注的 $1/(a_1+1)$。那么,只要赔率的总和 $Q$ 满足下面的不等式,我们就一定会获利:

$$Q = 1/(a_1+1) + 1/(a_2+1) + 1/(a_3+1) + \cdots + 1/(a_n+1) < 1$$

如果 $Q$ 小于1,那么我们赢的钱至少有 $W = (1/Q - 1) \times$ 总赌注。

再看几个例子。假设有 4 位参赛选手,每位的赔率分别为 $6:1,7:2,2:1,8:1$,则 $a_1=6,a_2=7/2,a_3=2,a_4=8$,那么

$$Q=1/7+2/9+1/3+1/9=51/63<1$$

因此,如果将总赌注的 $1/7,2/9,1/3$ 和 $1/9$ 分别押在 $1,2,3,4$ 号参赛选手身上,那么我们至少可以赢得总赌注的 $12/51$(当然,我们押下的钱也悉数收回了)。

然而,假设下一场比赛中 4 位参赛选手的赔率分别为 $3:1,7:1,3:2$ 和 $1:1$(即"同额赌注"),可以得出

$$Q=1/4+1/8+2/5+1/2=51/40>1$$

这样一来,我们不能保证获利。一般说来,如果有很多参赛选手(即 $n$ 值较大),那么 $Q>1$ 的概率就较高,但 $n$ 值较大时并不能保证 $Q>1$。取各个赔率分别为公式 $a_i=i(i+2):1$ 时,得出 $Q=3/4$,这样在 $n$ 值无穷大时,也会有 30% 的收益。

再回到刚才的电视节目,把上述 $Q>1$ 一例看成电视中的赛马,如果我们事先知道最有希望的那匹马已被投毒,无法进行激烈角逐,那么局面又会发生怎样的变化呢?

如果已知投毒这一内部信息,我们就不会在赔率为 $1:1$ 的起初最有希望的那匹马身上押钱,那么,我们就在另外 3 匹马身上下赌注,这时

$$Q=1/4+1/8+2/5=31/40<1$$

也就是说,如果在 $1,2,3$ 三位选手身上分别押 $1/4,1/8$ 和 $2/5$ 的钱,除了获得原赌注金额之外,我们至少还可以保证获得总赌注$(40/31-1)=9/31$ 的最低回报,于是我们就可以坐等厚利了。①

---

① 我了解到,一些洗黑钱的犯罪行为是通过在比赛途中对所有选手进行投注(即使 $Q>1$ 时也是如此)来得逞的。这样会有一定的损失,但一般情况下你可以预计是什么样的损失,这部分就当作洗黑钱交易中"缴的税"了。——原注

# 越跳越高

有两种类型的工作：一种是改变地球表面上或表面附近的物体与其他物体的相对位置，另外一种是指挥别人从事第一种工作。第一种工作又枯燥待遇又低，第二种既舒服报酬又高。

——罗素（Bertrand Russell）

那些接受某种特定体育训练的人，是在从事一项优化工作——（在法律范围内）尽其所能，增强有利于自己发展进步的因素，同时将妨碍自己发挥的因素减至最小。这就是体育科学的特质之一，即通过运用一点数学知识使其成为可能。在跳高和撑竿跳两项运动中，人们都要让身体达到距离地面的最大高度。这听起来很简单，事实却复杂得多。运动员首先要利用自己的力量克服地球引力，将自己的身体抛至空中。将跳高运动员视作质量为 $m$ 的物体，以速度 $v$ 垂直向上跳起，根据 $v^2 = 2gh$（$g$ 为重力加速度）可求得其所能达到的高度 $h$。这是因为跳高者起跳时的动能为 $mv^2/2$，在其达到最高点（高度为 $h$）时，动能转化为势能 $mgh$。根据能量守恒定律，得到 $v^2 = 2gh$。

困难的是，$h$ 的数值具体是多少呢？事实上，它不是跳高运动员越过的那个高度，而是运动员重心所达到的高度。更奇妙的是，运动员在身体重心低于跳竿高度的情况下也能越过跳竿。

当一个物体形状弯曲时,比如 L 状,它的重心可能不在物体上。① 也正是这种可能性使得跳高者可以控制自己身体的重心及跳跃轨迹。即使跳高者的身体重心低于跳竿,他也能干净利落地越过跳竿。这样,他就可以最大限度地利用自己起跳时的爆发力来提高越过的高度。

大家最初在学校学的跳高方式非常简单,称为剪式跳高,它远远谈不上最佳。为了越过跳竿,使用这种跳法的人必须让自己的重心及整个身体都位于跳竿之上,这时身体的实际重心很可能在跳竿以上 30 厘米处。因此,这是一种低效的跳高方式。

顶尖运动员使用的跳高技术要复杂得多。早期的俯卧式技术是跳高者面对着跳竿从而越过跳竿。该技术深受世界级跳高选手的喜爱,直到 1968 年,福斯贝里(Dick Fosbury)引入了一种全新的技术,即背越式跳高,一种背部越过横竿的跳高方式。凭借这种技术,他获得了 1968 年墨西哥城奥运会的金牌。这种技术只在有充气式保护垫的场地上才安全。对于跳高运动员来说,背越式跳高要比剪式跳高简单得多,所以现在所有的优秀跳高运动员都采用了这种方式。它使得跳高者的重心尽量放低,同时弯曲身体以越过横竿。身体灵活性越强,就越能弯曲越过横竿,重心也越低。2004 年奥运会男子跳高冠军是来自瑞典的霍尔姆(Stefan Holm),身高只有 1.8 米。对于跳高运动员来说,他的身高算相当矮小了,但他能将身体弯曲到非凡的程度。至最高点时,他的身体呈标准的 U 字形。他可以越过高 2.73 米的横竿,但身体重心却远远低于横竿。

当跳高运动员通过助跑向上起跳时,只能将一小部分的水平冲刺速度转化

---

① 寻找物体重心的一种方法就是:在物体上任意找一点,用细绳悬挂,画出物体的重力线。同理再找另一点将物体悬挂,画出物体的第二条重力线。两条重力线的交点就是该物体的重心。如果物体呈正方形,其重心就位于几何中心;如果物体呈 L 或 U 形,其重心就不一定在物体上。

为向上的速度。他的助跑距离很短,而且要想背对横竿越过去,身体必须转过来。而撑竿跳高运动员能做得更好。选手们的助跑路线长而直,尽管撑着一根长竿,世界上最优秀的撑竿跳高运动员起跳时的速度仍能达到 10 米/秒。相对于普通跳高运动员,弹性的玻璃纤维撑竿能让运动员水平方向的动能 $mv^2/2$ 更有效地转化为竖直方向的动能。撑竿跳高运动员垂直向上起跳,表现出令人惊叹的体操技术,将身体在撑竿上方弯曲成倒 U 形,同时尽量降低重心。我们看看能否粗略估计一下他们能越过的高度。假设他们在撑竿弯曲过程中将所有的水平动能 $mv^2/2$ 都转化为弹性势能,然后转化为垂直方向的势能 $mgh$。在此过程中,他们重心的上升高度为 $h = v^2/(2g)$。

由于重力加速度 $g = 10$ 米/秒$^2$,如果撑竿跳奥运冠军的起跳速度能达到 9 米/秒,他的重心就能升高 $h = 4$ 米。如果他站立时的重心在地面以上 1.5 米处,越过撑竿时的重心在跳竿顶点以下 0.5 米,那么他应该可以轻松越过高度为 1.5 + 4 + 0.5 = 6 米的横竿。事实上,全美冠军麦克(Tim Mack)以 5.95 米的高度夺得了雅典奥运会撑竿跳高金牌之后,曾经三次与 6 米高度擦肩而过。看来,我们的估算虽简单却出奇地精确。

# 表面积越小越安全

未来就出现在边缘。

——巴拉德(J. G. Ballard)

边界很重要,它们不仅圈养着羊和防止狼进入,还能决定事物之间有多少交集,以及某些事物会向外界呈现多少。

将长度为 $p$ 的细绳围成一圈,平放在桌上。它们会占多少面积? 如果变换它的形状,比如将线圈不断拉长和压扁,就会发现它所占的面积将越来越小。也就是说,一根细绳围成圆形时,所占的面积最大,此时,其周长为 $p=2\pi r$,面积为 $A=\pi r^2$,其中 $r$ 为圆圈的半径。化简消掉 $r$ 可得,对于任何周长为 $p$ 面积为 $A$ 的封闭线圈,有 $p^2 \leqslant 4\pi A$,只有在线圈呈圆形时才取等号。反之,对于给定的封闭面积,通过不断地变化形状,可以使周长取任意值。

如果我们将围成面的线推广到围成体的面,会面临类似的问题。给定表面积,什么形状的体积最大? 又是球体。表面积为 $A=4\pi r^2$ 的球体,体积为 $V=4\pi r^3/3$。因此,对任何表面积为 $A$ 的封闭形状,其封闭体积 $V$ 符合 $A^3 \geqslant 36\pi V^2$,在该封闭形状为球体时取等号。如前所述,将表面高度弯曲成锯齿状,可使给定体积的物体的表面积越来越大。这就是在生活中开发利用的一套获胜策略。

在很多情况下,较大的表面积很重要。要想凉爽,表面积越大越好。反之,想保暖就要让表面积变小——这就是为什么一群群新出生的鸟兽依偎在一起挤成小球状,以使裸露面最小。同理,成群结队的兽类和鱼类,会聚成圆形或球形的群,以尽可能地减少暴露面,从而削弱捕食者的威胁。树木要从空气中吸收水分和养分,就必须尽量增加与空气的接触面积,所以要枝繁叶茂。动物要通过肺吸收尽可能多的氧气,最有效的方法就是使肺腔中充满最大量的管状结构,以便增加与氧原子的接触面。如果你想在淋浴后快速擦干,大浴巾就是最佳选择。毛巾表面有很多粗糙的绒毛,它们比光滑表面的毛巾有更大的表面积。这种闭合体积的物体的表面积取极大值的现象在自然界中颇为常见。因此,日常生活中常常采用“分形”作为一种不错的解决方式。在体积一定的情况下,这是获得较大表面积的一种最简单的有效方法。

二战时期,海军护航队为避免被敌人的潜艇发现,面临着一个问题:是组成一大队还是分成几个小队?当然是保持一个大的船队比分散更好。假设一个各艘船只尽可能靠拢的大船队面积为 $A$,在船与船之间间隔不变的情况下,将船队等分成面积分别为 $A/2$ 的两个小船队。整个大船队围成的周长为 $p = 2\pi\sqrt{A/\pi}$,但两个小船队的周长要大一些,总和为 $p \times \sqrt{2}$。因此,护航队为保护船队免受敌方潜艇袭击,需要巡逻的距离(即周长)当然是一个大船队好于两个小船队。并且,当潜艇寻找目标(护航队)袭击时,它通过潜望镜看到船队的概率也与船队的直径成正比。面积为 $A$ 的单个圆形船队半径只有 $2\sqrt{A/\pi}$,而两个面积分别为 $A/2$ 且在视野范围内没有重合区域的船队的直径总和为前者的 $\sqrt{2}$ 倍。因此,和单独一大队船相比,被分成两队的船被敌军潜艇侦查到的概率高了 41%。

# 永远的增值税

世界上只有两件事不可避免:死亡和税收。

——富兰克林(Benjamin Franklin)

生活在英国的人都知道,对许多商品征收的营业税叫作"增值税",即 VAT,在欧洲大陆被称作 IVA。在英国,增值税达到了一些商品和服务价格的 17.5%,是政府最大的赋税来源。如果我们假设 17.5% 这一增值税率的制定是为了心算方便,那么下一轮增值税率会增加多少呢? 进而在遥远的将来,增值税率又将是多少呢?

目前的增值税率数值乍一听匪夷所思——为什么偏偏选 17.5% 呢? 但是,如果为小公司准备季度增值税账单,你就会很快发现这个数字的趣味性和必要性。只需简单的心算就会发现,$17.5\% = 10\% + 5\% + 2.5\%$,因此,你一看价格就知道 10% 是多少(只用将小数点左移一位),然后取 10% 的一半,再取 5% 的一半,最后将这三个数字加起来。比如,对 80 英镑的商品征收的增值税为 $8 + 4 + 2 = 14$ 英镑。

如果将便于心算的"取一半"结构保留,那么,下一轮增值税增长率将会是 2.5% 的一半,即 1.25%,因此,新的增值税率为 18.75%。对 80 英镑的商品征收的增值税就是 8 + 4 + 2 + 1 = 15 英镑。

到那时,我们新的增值税率就是 10% + 5% + 2.5% + 1.25% 了。在数学家看来,这是一个无穷级数的开端,下一项永远是前项的一半。当前的增值税率只是

$$10\% \times (1 + 1/2 + 1/4)$$

如果将这个级数无限延续下去,可以预测,在遥远的将来增值税率为

$$10\% \times (1 + 1/2 + 1/4 + 1/8 + 1/16 + 1/32 + \cdots) = 10\% \times 2$$

上式跟我们将在第 92 篇中看到的 S = 1/2 + 1/4 + 1/8 + 1/16 + 1/32 + 1/64 + …
很像,只是上式多了第一项 1,因此括号中无穷级数的总值为 2。也就是说,在遥远的将来,增值税率应该是 20%!

# 生活在模拟的世界

万物皆虚幻。

——甲壳虫乐队,《永远的草莓地》(*Strawberry Fields Forever*)

宇宙学正在成为科幻小说吗？对宇宙微波背景辐射的卫星观测的最新结果与大爆炸理论相吻合,这支持了受多数物理学家认可的宇宙演化理论,但这或许并不完全是个好消息。

众人偏爱的这个宇宙演化模型含有很多明显的"巧合",正是这些"巧合"支持了宇宙的复杂性和生命。如果考虑到所有可能宇宙的"多元宇宙",我们所在的宇宙在很多方面都算得上特别。现代量子物理学甚至为证明这些可能组成多元宇宙的各种宇宙的真实存在提供了途径。

一旦考虑到"这些宇宙能够(或确实)存在",就必须面对另一个奇怪的结论:在这个无穷的宇宙中,存在着一些远远先进于我们人类的技术文明,它们能够模拟宇宙。它们不只是像我们一样,模拟天气或星系的形成,而是走得更远,能够研究恒星和行星系统的形成。它们在自己的天文学模拟中加入了生物化学的规则,在电脑模拟系统(这种系统可以全面加速到它们想要查看的任一时期)中看到了生命和意识的进化。如同我们观察果蝇的生命周期一样,它们能追踪生命的进化过程,观察各种文明的发展与相互之间的交流。它们甚至还可以坐视各种文明关于上天是否有一个伟大程序员的争论;这个程序员不仅创造了那些宇宙,而且可以无视它们日常遵循的自然规律而为所欲为。

在这些宇宙中,会出现有自我意识并能相互交流的实体。一旦拥有这种能力,虚拟宇宙的数量将会剧增,很快就会远远超过真实的宇宙。这些模拟系统就能制定规则来统治人造世界,还可以调整设计,使得生命形式以它们喜爱的方式进化。因此从统计学角度来看,我们最终会面临这样的局面:我们更有可能生活在一个模拟的世界而非真实的世界中,因为前者的数量远多于后者。

最近,物理学家戴维斯(Paul Davies)指出,我们将很有可能生存在一个模拟世界中。这一观点是对变幻莫测的多元宇宙观念的反证。然而,面对这一状况,有什么办法能够找出真相吗? 如果我们够仔细,也许会有出路。

开始时,模拟程序只要尽量避免使用一系列复杂的自然规律,就能直接拼凑出“真实”的效果。当迪士尼公司拍摄一段湖面光的反射片段时,它不会运用量子电动力学和光学规律来计算光的散射,因为这需要巨大的计算能力和详细说明。相反,貌似合理的经验法则取代了对光的散射的模拟,因为这种方法更为简便且能呈现看似真实的效果(只要没人深究)。如果模拟现实纯粹是为了娱乐,它们还是有一定的经济意义和实用价值的。不过,由于模拟程序在复杂性方面的这种局限性,它们有时可能会暴露,也许从模拟世界内部就可以看到漏洞。

即使模拟程序在模拟自然规律时比较审慎,它们所能做的还是很有限。假设模拟程序,或至少它们的早期世代,非常了解自然规律,但仍然存在这方面的知识欠缺(一些科学哲学家常常认为这是事实)。它们可能了解很多模拟宇宙所需的物理和编程知识,但自然规律知识系统仍然会有漏洞或错误。当然,这是些微妙而难以察觉的纰漏,不然我们的“高级”文明就不高级了。这些瑕疵不会妨碍模拟过程的出现和长期的顺利运行,但这些微小的瑕疵慢慢就会积少成多。

最终,这些瑕疵就像滚雪球一样,系统再也无法计算了。唯一能够避免这种后果的方法就是这些模拟程序的创造者要在每个问题一出现时就将其击破。这种解决方法就跟家庭电脑用户所熟知的那样,就像要对电脑的防毒软件定期更新以预防新型病毒的攻击,或不断修复装机人员未曾预见的漏洞。模拟程序的创造者要能提供这种随时的保护,更新系统当前有效的自然规律,将自己在程序启动之后了解的事物添加进去。

在这种情况下,逻辑矛盾不可避免地会出现,模拟系统中的规律有时会崩溃,模拟系统中的居民——尤其是模拟出来的科学家,偶尔会对自己的观察结果感到困惑。比如,模拟天文学家可能会观察到所谓的大自然常量在慢慢地改变。

统治着模拟现实的那些规律也有可能突然失灵,这很可能是因为模拟程序运用了一种对于其他所有复杂模拟系统都有效的技术——使用误差检验来让一切重返正轨。

就以我们的基因密码为例,如果任其偏离而不加干涉,我们就不能长寿。错误不断积累,随之而来的就是死亡和基因突变。由于基因编码过程中存在着识别并改正错误的机制,所以我们就免于这种灾难。很多复杂的电脑系统也有同样的自身免疫系统,以防止错误积累。

如果模拟程序使用有误差检验功能的电脑密码来防范整个模拟系统出错(就像在小规模地模拟基因编码),系统就常会自动修正内部规律或凌乱状况。莫名其妙的改变可能违背"模拟科学家习惯于观察和预测"这条自然规律。

最后的结论很有吸引力:如果生活在一个模拟的世界中,我们就会遇到偶尔"失灵"的现象或出现无法重复的实验结果,甚至还可能发现常量和自然规律发生了不可思议的缓慢变化。

# 有趣的涌现

政治家要有先见之明,能够预言明天、下周、下个月和明年将发生的事,而且事后要有能力解释为何没有发生。

——丘吉尔(Winston Churchill)

在研究复杂事物的科学中,有一个术语叫作"涌现"。当你逐步建立起一个错综复杂的局面时会发现,一些新的结构和新的状况会接踵而至。万维网、股市和人类的意识就属于这类现象,它们表现出的集体行为要超过自身各局部行为的总和。如果将它们分解为基本组成部分,复杂行为的本质就不存在了。这种现象在物理学中也很常见:比如,液体的黏性(用于描述液体的抗流动性)只有在大量液体分子结合时,才会表现出来。这千真万确,因为你会发现,一杯水中的每一个单独的氢原子和氧原子是不具有黏性的。

涌现本身就是一个复杂且颇有争议的话题。哲学家和科学家们试图界定并区别涌现现象的不同类型,而少数人还在为它们是否真正存在争论不休。其中的一个问题就是,像意识或生命这类最吸引人的科学案例是难以理解的,所以将它们作为范例就会造成额外的不确定性。这时,数学就派上了用场——它能提出很多有趣且定义严格的涌现结构,并找到建立全套新范例的办法。

以[1,2,3,6,7,9]这样的有限正数数集为例,无论它们有多大,也不会"涌现出"无穷数集才有的性质。康托尔(Georg Cantor)在19世纪就明确指出,无穷数集具有的性质是任何有限子集都不具备的,不管这个有限子集多大。无限大不是指一个很大的数,而是在这个数的基础上加一,仍然无限大,减去一个无限大的数字,它还是无限大。整体不仅仅比局部大,它还具有任一局部都不具备的"涌现出"的性质。

在拓扑学中,我们可以找到许多例子以表明一个物体的整体结构与它的局部结构千差万别,其中最为人知的就是默比乌斯带。取一片矩形薄纸条,扭转一下,然后将其两端粘起来,这样就做成了一个默比乌斯带。也可以用小的矩形纸条粘起来拼凑而成。默比乌斯带的创造过程就像涌现结构的一种类型。将所有的矩形拼起来就形成一个有两个面的长纸条,但把两端都拧过来粘在一起,就成了只有一个面的默比乌斯带(如图20.1所示)。这再次证明,整体具有局部所没有的特性。

图20.1　默比乌斯带

# 用理论指导推车

在当今机动车辆鲁莽行驶的时代,只有两种行人——走得快的和死掉的。

——迪尤尔勋爵(Lord Dewar)

有一个古老的笑话:"拉达汽车后面的挡风玻璃上为什么会有加热器呢?"答案是:"那样你推车的时候手就不会冷了。"但推车时会出现一个有趣的问题。设想你必须将车推进车库,并在它撞到墙之前停住。这时,你该怎样推才能让这辆车进入车库并尽快停下来呢?

答案就是:开始时使劲推车让它加速,当推到一半时,使劲往回拉让它减速。这样车就能在最短时间内始于静止,止于静止。[2]

这类问题属于数学中"控制理论"的范畴,其特征就是通过施力来规范或引导某种运动。停车问题的解决办法就是一种被称为"砰砰控制"的实例。停车时只有两种操作:推和拉。英国的恒温器运用的就是这种工作原理。温度太高时,恒温器就自动进行冷却处理;太低时,会进行加热处理。很长一段时间内,温度会在设定的范围内来回变化。用这种方式控制局面并非总是最好的。比如,用方向盘控制开车时,这种方法就不行。一个安装有砰砰控制程序的机器人驾驶员会让车子冲上左手边的分道线,然后掉头向右穿过右手边的分道线,来回冲撞。如果采用这种砰砰控制方法开车,你很快就会被交警拦下,进行酒精度测试,然后被关进当地警察局。更好的方法是,根据与中心位置的偏离程度进行修正。就像秋千一样,如果将其稍微推离竖直方向,它就会慢慢荡回来,如果被推出很远,它也会迅速荡回来。

控制理论用于研究中长跑也很有趣。假设赛马跟人类赛跑原理一样,且赛跑者肌肉消耗的氧气量和通过呼吸能补充的氧气量都是一定的,怎样才能在最短的时间内跑完一定的路程? 砰砰控制理论提出:在 300 米(此时无氧运动即将开始,开始过度耗氧)以上的赛跑中,首先要以最大加速度起跑一小段时间,然后以稳定的速度奔跑,最后再减速(减速时间与加速时间相同)。当然,这只是计时赛的最佳跑法,却不太适用于和众多选手一争输赢的比赛。如果能采用不同战术,如冲刺或急剧改变速度,你就可能略胜一筹。在其他人都遥遥领先的情况下,仍然坚持最佳方法是很需要勇气的。听取最佳战略家的指导,在赛跑过程中避免弯路,自如地奔跑,最后在直道上冲刺直至胜利,这是一个不错的选择。

# 正 反 馈

往好处想,排除一切消极思想,坚持积极向上,不要摇摆不定。

——默瑟(Johnny Mercer)作曲,阿伦(Harold Arlen)作词,《最爱美好》

(*Ac-Cent-Tchu-Ate the Positive*)

这是一段奇怪的经历。今年早些时候,一场降雪不期而至,我便去利物浦一家新开的旅馆借宿。这家旅馆是"精品屋"风格,由 19 世纪商业繁荣期的建筑改建而成。一大清早,我乘慢车费尽周折——司机告诉我们下一路段沿途的信号电缆在昨天晚上被盗,因此耽误了很久——从曼彻斯特穿过大雪来到此地。从电缆被盗这一事件,我注意到铜的价格正在稳步攀升。最后,列车在移动电话的协调下,慢慢驶过所有被错误设置的红色信号灯,安全抵达莱姆街火车站。

我住的那个房间很冷,大雪盖住了天窗,外面的温度肯定在零摄氏度以下。暖气设备在地板下面,反应相当慢,很难判断它是否在响应恒温器的变化。尽管旅馆工作人员一再保证,说温度很快就会上升,但房间里似乎越来越冷了,最后他们只能拿来了暖风机。接待人员说,因为暖气设备是新装的,不能把温度调得太高。

傍晚时分,建筑工程师打来电话,质疑"暖气设备是新装的,不能把温度调得太高"这一无稽之谈,并跟我一样,疑惑外面走廊中的暖气怎么就能运行正常（所以我把房门开着）。幸运的是,所有房间暖气的主控盘就在对门。我们一起查看了一下,工程师测了隔壁房间（客人白天不在）的温度,那里面很暖和。

突然,工程师意识到了问题的根源:隔壁房间的暖气设备连接在我房间的恒温器上,而我房间的暖气设备连在隔壁房间的恒温器上。结果就成了被工程师称作"热不稳定性"的一个很好的例子。当隔壁房间的客人觉得太热,他们就将恒温器温度调低,这样我的房间就变冷了,于是我就把自己房间的恒温器调高,他们更会觉得热,就会将温度调得更低,我觉得更冷,就再次调高……幸运的是,他们最后受不了而出去了。

这种不稳定性建立在双方各自的自我利益上。而类似的现象会造成更严重的环境问题。如果打开更多的电扇和空调来保持凉爽,就会增加大气中二氧化碳的含量,这样又会让更多的太阳热量滞留在地球周围,从而增加人们对散热的需求。这类问题仅凭简单的措施是无法解决的。

# 醉汉走路

为我指引回家的路。

我很累，只想睡觉。

一个小时前我喝了点酒，

现在它直冲我脑门。

——欧文·金(Irving King)

全世界的警察们常用的一种测试清醒度的办法，就是看被测试者能不能走直线。通常情况下，对健全人来说，这个任务很简单。如果知道自己的步幅，无论走了多少步，你都能知道自己具体走了多远。如果步幅为 1 米，走了 $S$ 步之后，距离起点就有 $S$ 米。假如出于某种原因，你不能走直线。比如，你根本不知道自己在干什么。在迈出下一步之前，你随意朝一个方向(这样你选择任何方向的概率都相同)迈出 1 米。现在再随意朝一个新的方向迈出去，不断地像这样选择下一步的方向，最后你会发现，自己的轨迹七扭八歪，根本无法预测下一步是踏向哪个方向的。这就是醉汉走路。

关于醉汉走路，有一个有趣的问题，即在醉汉走了 $S$ 步之后，离起点的直线距离有多远？我们已经知道，要走出直线距离 $S$，步幅为 1 米的清醒者只需走上

$S$ 步,而醉汉通常要走上 $S^2$ 步。[3] 因此,清醒者走 100 步可以走出 100 米的直线距离,而醉鬼得走上 10 000 步才能达到同样的距离。

其实,这些数字所蕴含的知识远远不止于醉汉走路一例。一串方向凌乱的脚步可以作为不错的模型,来展示分子的扩散过程。这些分子比周围的分子热,运动也更快,它们如同摇摇晃晃的醉鬼从起点扩散开来,随意驱散其他分子。要运动距离 $n$,它们要移动 $n^2$ 次。这就是为什么打开房间的散热器之后,要过好一会儿才能感觉到其效果。运动力较强(即越热)的分子,"醉酒"般地在房间中"漫步",而管道中的气塞发出的声波是以声速作直线运动的。

# 随机还是伪造

黑爵士(Blackadder):这个方法已经用过 17 次,这是最后一次了。

梅尔切特(Melchett):没错! 它实在太棒了! 德国佬警惕性再高,我们也能给他们来个措手不及! 他们这次绝对想不到,同样的把戏我们还会耍上 18 次!

——BBC 连续剧《黑骑士》(*Blackadder*)

在统计学中,人们对于什么是随机分布普遍存在误解。在判断事物是否为随机排列时,我们会察看其是否存在规律或其他可预测的特征,以助于判断。设抛硬币时,出现正面用 H 表示,反面用 T 表示。我们模拟抛 32 次硬币的三种可能的结果,编出 H 和 T 的序列,几乎没有人能将它与真正抛硬币的序列分辨开来:

THHTHTHTHTHTHTHTHTTTTHTHTHTHTHTHH

THHTHTHTHTHHTHTHHHTTHHTHTHTTHHHTHTTT

HTHHTHTTTHTHTHTHTHHTHTTTTHHTHTHTHTTT

它们看上去有问题吗? 你觉得真正抛硬币时会随机出现这样的结果吗? 或者它们只是蹩脚的伪造? 比较起来,下面还有三种可能的结果:

THHHHTTTTHTTHHHHTTHTHHTTHTTHTHHH

HTTTTHHHTHTTHHHHTTTHTTTTHHTTTTTH

TTHTTHHTHTTTTTHTTHHTTHTTTTTTTTHH

如果问一个普通人,后面这三组是不是随机排列,绝大多数都会说不是。前面三组看上去更像他们想象中的随机排列,正反面交替出现较多,而且不像后三组那样连续出现好几个正面或反面。如果在电脑上"随机"输入 H 和 T,变化可能会更多且避免长的重复字串,以免"看起来"像在故意添加关联性的规律。

出人意料的是,后三组序列才是真正的随机过程。前三组序列虽然不连贯且没有反复出现多个相同字符,却是伪造的。普遍认为随机排列不会出现正反面再三重复的现象,但严格的实验告诉我们,事实刚好相反。抛硬币的过程不具有弹性复原性。不管抛硬币最终结果如何,每抛一次出现正面或反面的概率都是 1/2。它们都是独立事件,因此,连续 $r$ 次出现正面或反面的概率为 $(1/2) \times (1/2) \times (1/2) \times (1/2) \times \cdots \times (1/2)$($r$ 个 1/2 相乘),即 $1/2^r$。但如果将硬币抛 $n$ 次(就有 $n$ 个连续出现正面或反面的可能),$r$ 值就增至 $n \times 1/2^r$。当 $n \times 1/2^r$ 约等于 1,即 $n = 2^r$ 时,就可能发生连续 $r$ 次出现正面或反面的情况。这种情况很容易理解。也就是说,在 $n$ 次随机抛硬币的结果中,如果 $n = 2^r$,就可能发生连续 $r$ 次出现正面或反面的情况。

上面所列举的六种序列长度都是 $n = 32 = 2^5$,所以,随机出现连续 5 次正面或反面的概率就很高,而且几乎可以肯定一定会出现连续 4 次的情况。比如,抛 32 次硬币,就有 28 个起点可以开始连续 5 次出现正面或反面,连续 2 次的概率就更大了。抛硬币的总次数变大后,起点数与抛硬币次数的差值就可以忽略不计了,根据经验法则就直接用 $n = 2^r$。① 前三组序列中没有连续多次出现正面或

---

① 在处理事件结果大于两个(此处为 H 和 T)的随机排列时,很容易得出这个结果。正常掷骰子时,每一个结果的概率都是 1/6,要想连续 $r$ 次出现同样结果,我们需要投上 $6^r$ 次;即使 $r$ 值很小,这也是一个很大的数字了。——原注

反面,值得怀疑;而令人欣慰的是,后三组更像是随机的。从中可以了解到,我们对于随机性的直觉是有偏颇的,它远没有我们想象中那么有序。这种偏颇表现在,我们认为极限的情况不应该发生,比如,不会连续数次都出现同样的结果,因为从某种程度上讲,这样重复出现同样结果的情况太特殊了。

有趣的是,在经常进行的体育比赛中轮番上演的小组成绩也会出现这种情况。在陆海两军、牛津和剑桥大学、AC米兰和国际米兰、兰开夏郡和约克郡之间的比赛中,常常会出现一个队连胜好几年的情况,但这通常并不是随机效果,而是固定的几位选手在某队担任几年主力军后退役或离开,然后新的队伍又组建起来。

# 平均数不平均

统计学可以证明一切，包括真理。

——莫伊尼汉（Noël Moynihan）

平均数如此常见又一目了然，因此我们对其完全信任。可是，到底该不该信任呢？假设有两个板球选手，弗林托夫（Flintoff）和沃恩（Warne），他们之间有一场很重要的比赛，比赛结果将会决定国际锦标赛的最终结果。赞助商已经提供了巨额奖金，准备奖励比赛中的最佳击球手和投球手。确定了对方击球手中没有很强劲的对手后，弗林托夫和沃恩就不再关心击球表现，而是全力以赴争夺投球手大奖。

在第一回合中，弗林托夫很快就投中了几个三柱门，但在长长的一轮轻松投球结束后，就被换场，最终结果为跑动得 17 分投中 3 个三柱门，平均每投中一个三柱门需要跑动得 5.67 分。在随后的弗林托夫队击球时，沃恩正处于巅峰状态，跑动得 40 分连续投中了 7 个三柱门，平均每投中一个三柱门要跑动得 5.71 分。根据 5.67 比 5.71 的平均成绩，弗林托夫在第一回合中的平均投球表现要比沃恩好（所需平均跑动得分更少）。

第二回合一开始，弗林托夫跑动很积极，后来才发现自己接不住击球手的低位球,最终跑动得 110 分投中 7 个三柱门,即第二回合平均每投中一个三柱门需要跑动得 15.71 分,而沃恩在这一回合向弗林托夫队投球,虽然表现没有第一回合出色,但仍然达到跑动得 48 分投中 3 个三柱门,平均每投中一个三柱门要跑动 16 分。因此,在第二回合中,弗林托夫的平均投球成绩仍然以 15.71 比 16 高于沃恩。

谁应该获得最佳投球手称号呢? 从表 25.1 可以看出,弗林托夫在两个回合中的平均得分都高于沃恩,但显然只能有一人胜出,而赞助商有不同看法,他们主要看综合成绩。在这场比赛中,弗林托夫总共跑动得 127 分,投中了 10 个三柱门,平均每投中一个三柱门需跑动得 12.7 分;而沃恩以 88 分的跑动成绩投中 10 个三柱门,平均每跑动 8.8 分投中一个三柱门。很明显,虽然弗林托夫在两个回合中的平均成绩都比沃恩好,但就整场比赛而言,沃恩的综合平均成绩反而更好。

表 25.1　弗尔托夫和沃恩的板球比赛战绩

| 投球手 | 第一回合成绩 | 第一回合平均得分 | 第二回合成绩 | 第二回合平均得分 | 总成绩 | 综合平均得分 |
|---|---|---|---|---|---|---|
| 弗林托夫 | 跑动得 17 分 投中 3 个三柱门 | 5.67 | 跑动得 110 分 投中 7 个三柱门 | 15.71 | 跑动得 127 分 投中 10 个三柱门 | 12.7 |
| 沃恩 | 跑动得 40 分 投中 7 个三柱门 | 5.71 | 跑动得 48 分 投中 3 个三柱门 | 16 | 跑动得 88 分 投中 10 个三柱门 | 8.8 |

这样类似的例子有很多:假设在评比活动中,根据每个学生的平均成绩来比较 A 和 B 两所学校。其中 A 校学生每门课程的平均成绩都比 B 校学生每门课程的平均成绩好,但将所有成绩综合起来再平均时,它反而差于 B 校。A 校可以对学生家长称自己学校的每门课程都比 B 校好,而 B 校也可以名正言顺地对家长说自己学校学生的平均成绩比 A 校要好。

如此看来,平均数真有些让人捉摸不透。千万要小心!

# 宇宙的折纸术

如果你想跟自信过头的年轻人打赌又想稳操胜券,那就试试让他们将一张 A4 纸对折 7 次以上吧——他们绝对做不到,因为(对折或切割的)翻倍和均分过程难度的增加速度都超乎想象。假设使用激光束(以免出现对折困难的情况)将一张 A4 纸不断地裁成两半:30 次以后,纸的尺寸达到了 $10^{-8}$ 厘米,相当于一个氢原子的大小;47 次以后,纸片尺寸相当于氢原子的核,即一个质子的直径,为 $10^{-13}$ 厘米;114 次之后为 $10^{-33}$ 厘米,这在我们人类的公制单位中是无法想象的,但更不可思议的是,这竟然是将纸切割 114 次后得出的结果。对于物理学家来说,这个数值意义非凡,因为数量级在 $10^{-33}$ 时,空间和时间概念开始消失:没有物理理论,没有时间和空间的描述,也没有什么理论能够解释纸被切割 114 次时会发生什么;可能出现的情况是,我们所熟知的空间不复存在,取而代之的是一些混沌的量子"泡沫",在这里引力对于塑造各种形式的能量发挥着全新的作用。[4]$10^{-33}$ 是目前我们认为物理现实存在的最小尺度,它是角逐未来新的"万物之理"的诸多理论都支持的临界值。这些理论,如弦理论、M 理论、非交换几何

学、圈量子引力理论和扭量等都在寻找一种新的方式,来描述一张纸被切割114次后发生的一切。

如果我们将 A4 纸的大小加倍,变成 A3 大小,然后再加倍,变成 A2 大小,以此类推,会出现什么情况呢? 在加倍 90 次后,我们就可以越过所有星星和可见的星系,抵达 140 亿光年远的整个可视宇宙的边缘。毫无疑问,在此范围之外还有更多的星系,但自 140 亿年前宇宙开始膨胀后,只有在这个距离以内,光才有时间到达我们。它就是我们的宇宙视界。

将这两种大小情况放在一起,我们发现,只需将一张纸切割和加倍共 204次,我们就从物理现实的最小维度达到了最大维度——从空间的量子起源到可视宇宙的边缘。

# 难 易 之 分

要为著名的难题找一个好例子本身就是一道难题。

——海斯（Brian Hayes）

要拼好一块很大的七巧板需要花上一段时间,而检查拼凑结果只需一会儿。计算机在不到一秒的时间之内就能算出两个大数的乘积,而要找出一个很大的数字是哪两个因数的乘积,你(和计算机)就要费些工夫了。有一个悬赏100万美元却一直悬而未决的问题:通过证明问题的难易是否有真正的界限,来显示解决问题所需的时间。

大多数需要手工操作的计算或信息整理工作,比如制作纳税申报单等,都具备这样一个特征:需完成的计算量与我们所处理的工作量成比例。如果我们有3份收入,就必须花3倍的时间。与之类似,计算机下载10倍大小的文件就要花上10倍的时间。通常读完10本书所需的时间是一本书的10倍。这种模式就是"简单"问题的特征:在通常意义上,它们或许并不简单,但积累起来所需的工作量不会迅速增加。计算机能够快速处理这些问题。

不幸的是,我们常常遇到另一类棘手的问题。每当在算式中加一部分计算,计算时间就加倍。很快,所需的计算总时间就会大得惊人,以致世界上最快的计算机也会崩溃。我们把这类问题叫作"难"题。[5]

奇怪的是,"难"题不一定异常复杂或极其艰难,它们只是包含了很多的可能性。将两个很大的素数相乘,计算其实很容易,你可以心算、笔算或是用计算器算,但如果只给出此计算的结果,要求找出是哪两个素数的乘积,那可能就要用世界上最快的计算机终其一生去寻找答案了。

让我们尝试一下这些乍一听简单实际上却"很难"的题目吧。试着找找389 965 026 819 938 是哪两个素数相加的结果。①

这些"陷门"运算——之所以这样叫,因为就像掉进了陷门,进来容易出去难——并非都是坏事。虽然它给我们的生活带来了麻烦,但同时也让那些我们有理由让其陷入麻烦的人真正麻烦。因为世界上重要的安全码都是利用了陷门的操作原理,比如每次在网上购物或者从自动取款机上取款,我们的密码也与大素数结合。这样,黑客或计算机罪犯如果想要窃取账户详情,必须先将一个大素数分解成两个较大素数才有可能得逞。这在原则上是可能做得到的,但实际操作时因需要花相当长的时间而不可能完成。就算这个罪犯能随意使用世界上最快的电脑,要破解密码也要花上好几年,账号和密码到那时早就变了。

正因为如此,大素数非常有价值,其中一些特定形式已获得专利。素数无穷无尽,但通过验证是否有因数,我们已经能肯定有一个最大的素数。没有哪个代数式能得出全部素数,人们甚至怀疑是否存在这样的公式。如果它存在并被发现,就会带来一场世界大危机。如果政府部门找到了这个代数式,一定会将其列为绝密;如果某位学者发现该代数式并毫无防备地将其公之于众,就会让世界顷刻坍塌:高速计算机一夜之间就可轻松破解所有军事、外交和银行系统的密码,网上贸易将面临不复存在的危险。我们必须借助虹膜、指纹或基于 DNA 的识别系统等有赖于独特的生化特征的事物来鉴别,而不能指望我们头脑中的数字,但

---

① 答案是:5569 + 389 965 026 814 369。——原注

这些新的标记物仍然需要以一种安全的方式储存。

　　分解素数是一个"难"题。即使能通过一个魔幻般的代数式"轻易"将其破解，我们也可以想出另一些"难"题来加密敏感信息，这样一来，又得花上很多年通过反向操作来破解它。然而，我们都知道，如果某种新发现可以将一道我们认为的"难"题变成"易"题，那么这个新发现也能将其他所有计算方面的题目由"难"转"易"，这才是真正的神奇办法。

# 纪录是否永不变

我始终认为纪录在被打破之前会保持不变。

——贝拉（Yogi Berra）

还记得父母保存的那些小小的黑胶唱片吗？这种唱片记录着歌曲，在转盘上高速旋转时能发出声音。不过，数学家们更感兴趣的"纪录"是：最大、最小、最火的纪录。它们可预测吗？

起初你觉得不会。对，它们永远是朝着"更好"的趋势发展，否则就不能称之为纪录，但你怎么去预测有些人会一路向前，乘风破浪，接二连三打破一个又一个的纪录？令人惊讶的是，有运动员一年之内在八次不同的比赛中，连续打破并创造了新的女子撑竿跳高世界纪录。重要的是，这样的纪录并非随机的。每个新纪录都是在一场激烈竞争中努力的结果，而这种努力与之前在该技艺上的所有尝试都是密不可分的。撑竿跳高运动员不断学习新的技术要领，不断训练，从而培优补差，使技艺更为精湛。对于这种纪录，我们所能预测的是：它们最终会不断刷新，即使下一个纪录出炉可能要花上十年八载。

然而，有很多相继发生的事件每次所创的纪录都是相互独立的，比如月降水量、某地百年来最高最低气温或最高潮汐高度等。重要的是，它们与先前的纪录是相互独立的,这样我们就能大胆预测其创纪录的可能性有多大,而不管它是关于什么的纪录——雨、雪、落叶、水位、风速或温度。

以英国的年降水量为例。第一年记录的降水量作为一个纪录;如果第二年的降水量跟第一年无关,那它击败前一年的纪录成为新纪录的概率为 1/2,不破纪录的概率也是 1/2。因此,预计后两年创纪录的年数为 1 + 1/2。到第三年,最高最低降水量有 6 种可能的排序,其创纪录的可能性为 1/3,因此,预计后三年创纪录的年数为 1 + 1/2 + 1/3。以此类推,你会发现,在 $n$ 年后收集的数据中,预计保持纪录的年数是一个 $n$ 项式的总和:$1 + 1/2 + 1/3 + 1/4 + \cdots + 1/n$。在数学中,这个有名的式子称作调和级数。设 $n$ 项式总和为 $H(n)$,则 $H(1) = 1$,$H(2) = 1.5$,$H(3) = 1.833$,$H(4) = 2.083$,以此类推。$n$ 项式总和随项数的增加而增长得非常缓慢,[1]因此,$H(256) = 6.12$,而 $H(1000) = 7.49$,$H(1\,000\,000) = 14.39$。

这说明了什么呢?假如将该地 1748—2004 年共 256 年的降水量数据代入该式,会有 $H(256) = 6.12$,即约有 6 个年降水量创了最高(或最低)纪录。看一下英国皇家植物园这段时期的降水量记录,与此结论完全吻合。要想见到 8 个创纪录年,我们还要等上 1000 多年。因此,独立随机事件创纪录的概率相当低。

近年来,全世界越来越关注气候的系统变化,如全球变暖。我们还发现,一些地区的高温纪录令人极为不安。如果新纪录频繁出现,远远超出调和级数预测的频率,那么每年的气温就不再是独立事件,而开始呈现系统的非随机趋势。

---

① 事实上,当 $n$ 很大时,$H(n)$ 变化速率只是 $n$ 的对数,约为 $0.58 + \ln n$。——原注

# 彩票 DIY

强小数定律：没有足够多的数来满足所有的要求。

——盖伊（Richard Guy）

当需要一个简单而又能益智的室内游戏来招待客人时，你不妨试试"彩票DIY"。让每人挑一个正整数，并和名字一起写在卡片上。游戏目的是挑一个大家都没选的最小数字。有必胜术吗？你可能会选1或2这样的最小数字，但其他人难道就不会也这样想，并最终和你一样选了同样的数字吗？如果从无数的大数中挑一个较大的数字，你就输定了。因此，对大家来说，容易挑选的是一个较小的数。这说明，最好你还是选择一个中间数字。不过，该从哪儿选起呢？7或11怎么样？我们能确定别人都不会选7吗？

我不知道是否有所谓的必胜术，但这个游戏利用的就是我们不愿承认自己"与众不同"这一点。它鼓励我们相信自己可以选择一个别人出于某种原因没有想到的小数。当然，民意测验之所以能够预测我们将如何投票、购物和度假，以及如何应对利率的增长，就是因为我们大家都太相像。

我对这个游戏略知一二。尽管有无穷多的数字可以选择，我们要忽略其中的大部分。我们定位于20附近，或者参加游戏总人数的两倍左右，不要再大了，因为不会有人选择比这更大的数字了;然后排除小于 5 的那几个数字,因为它们明显很小,也没人会选;最后,选择剩余的那些取胜可能性相当的数字。

对选择偏好进行系统研究需要取样多人(比如每次试验取 100 人),并多次玩该游戏,来看看大家所选数字和获胜之选的规律,也可以看看大家在重复游戏时如何改变策略。计算机对该游戏的模拟其实派不上用场,因为模拟时需要采取某种策略,而很明显这些数字不是随机选择的,因此所有数字被选中的可能性相同。心理学很重要,你要想象别人会怎么选,但"自己跟别人想得不一样"这种心理暗示太强烈,以至于大家几乎都信以为真。当然,如果真有一个选择最小数字的必胜术,大家都会不约而同地采纳这种战术,从而导致大家选择的数字都有重复,这样他们永远都不会取胜。

# 我才不信

我要认真思考一下这个问题,大概需要三袋烟的时间。

——福尔摩斯(Sherlock Holmes)

假设你在参加一场直播的电视节目。热情洋溢的主持人拿出标有 A,B,C 的三个盒子,其中一个装着 100 万英镑支票,另外两个装的是主持人的照片。主持人当然知道支票装在哪个盒子里,只要你选对了,那张支票就归你了。你走向 A,主持人就打开 C,跟大家展示 C 里面是他的一张照片。现在支票应该不在 A 就在 B 里面了,你选了 A,主持人问你是否坚持选 A 或是换成 B。这时你该怎么做呢? 也许你有改选 B 的冲动,但心中另外一个声音在说"坚持选 A 吧,他只会为他的老板省钱,蛊惑你让你选不到支票",或许还有一个更理性的声音告诉你"选哪个都无所谓,因为支票该在哪儿就在哪儿,你第一次的猜测非对即错"。

答案很明显,你应该改选 B。如果你这样做了,选中支票的概率就翻了一番。坚持选 A 的话,赢得支票的概率只有 1/3,而改为 B 后概率就增至 2/3。

怎么会这样呢? 首先,支票在任何一个盒子中的概率都是 1/3,即它在 A 中的概率为 1/3,在 B 和 C 中的概率为 2/3。而主持人介入,选了一个盒子,但这丝毫不会改变之前的概率,因为他通常会选择一个不含支票的盒子。因此,他打开

C 盒确定 C 中没有支票后,支票在 A 中的概率仍然是 1/3,而在 B 中的概率就成了 2/3。所以说,你应该改选。

还是不信?那就换种方式看看吧。在主持人打开 C 盒后,你只有两种选择了。你可以坚持选 A,这样如果你最初的选择是正确的,你就赢了;你也可以改选 B,这时只有当你最初选错时,你才能赢。你第一次选 A 选中支票的概率为 1/3,没有支票的概率为 2/3。因此,第二次改选 B 能得到支票的概率为 2/3,而坚持最初的选择获胜的概率只有 1/3。

现在该相信这个改变主意的经验之谈了吧。

# 骤燃的秘密

我要给你看的恐惧是在一把尘土里。

——艾略特（T. S. Eliot），《荒原》（*The Waste Land*）

不计其数的火灾告诉我们：粉尘是致命的。在破旧仓库中熄灭一小堆火时，如果不小心将大量的粉尘扇进了空气中，则蹿起的火苗会使得粉尘骤燃，可能会酿成一场爆炸惨剧。任何阴暗或无人问津的地方，如阶梯坐席下面或久未打理的储藏室中，若有大量尘埃聚集，都存在火灾的危险。

为什么会这样？我们通常认为粉尘不易燃，是什么让它变得如此致命呢？这是一个几何问题。将一个正方形分成 16 个独立的小方块，如图 31.1 所示。如果大方块的原始尺寸为 4 厘米 × 4 厘米，那么 16 个小方块的尺寸就是 1 厘米 × 1 厘米；材料表面积不变，仍为 16 厘米$^2$，但暴露的边长却增加了很多。原始方块的周长为 16 厘米，而分割后，16 个小方块周长分别都为 4 厘米，总周长就变成了 4 × 16 厘米 = 64 厘米。

如果是立方体，就会像骰子那样有 6 个面，各面尺寸均为 4 厘米 × 4 厘米，即面积均为 16 厘米$^2$，则立方体的总表面积为 6 × 16 厘米$^2$ = 96 厘米$^2$。如果我们将这个立方体切成 64 个大小为 1 厘米 × 1 厘米 × 1 厘米的小立方体，材料的

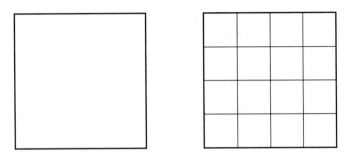

图31.1　正方形的分割

总体积没变,但所有小立方体(六面,各面的面积为 1 厘米×1 厘米)的表面积加起来就有 $64 \times 6 \times 1$ 厘米$^2$ = 384 厘米$^2$。

这两个简单的例子表明,一个物体被分割成小件之后,各部分的表面积之和大幅增加。易燃材料与燃烧所需的氧气的接触表面积增大,所以物体表面容易着火。这就是为什么在野外生火时,我们要将纸撕成碎片。单个物体燃烧缓慢,因为它与周围空气直接接触很少,而燃烧是在空气的边缘发生的。如果将物体分成小块,那么它与空气的接触面积就大得多,燃烧就会随处发生,并迅速蔓延开来。当空气中的粉尘颗粒足够多,整个空气就形成了自行的"炼狱",结果就是骤燃或一场火灾。

一般说来,很多小物体在一起比一个体积相同的大物体更容易酿成火灾。比如,森林中的乱砍滥伐会让大量的残枝败叶和锯屑散落在林中各处,这是一个当今比较受关注的问题。

大量的粉末聚集在一起是很危险的。1980 年代,英国中部地区一家制造蛋黄吉士粉的大型工厂就发生过严重的火灾。当时,只是将少量的奶粉、锯末置于小火之上,就引起了巨大的火焰,蹿起的火苗冲到空中几米之高。(千万别试!看电影就能知道。)

# 如何聘到最合适的秘书

答案是一切问题的根源。

——塞瓦赖德规则

如何从大量候选人中挑出一个合适人选，这是一个经典问题。比如，一位经理要从 500 名应聘者中为公司挑选一位秘书，一位国王要从王国的所有年轻女子中挑选一位做自己的妻子，或者一所大学要从众多竞争者中录取一位最优异的学生。应聘人数不太多时，可以对他们一一面试，相互比较淘汰一批，再对剩下的人进行复试，最终找到最合适的人选，但如果人数众多，这种方法就不太实用了。你可以随意挑选一名，但如果有 $n$ 位应聘者，能够随机选中最佳人选的概率只有 $1/n$，$n$ 较大时，概率就更小了——应聘者超过 100 人时，选中的概率不到 1%。想要挑出最佳人选，第一种全部面试的方法很费时间，但却可靠；随机选择的确很快，但靠不住。在这两种极端之间，有没有一种"最佳"方法，能够既省时又较有把握地找到最佳人选呢？

答案是肯定的，而且其简易性和相对效果也都十分惊人。我们首先来列出基本规则：我们将应聘同一岗位的 $n$ 位求职者随机排序。尽管我们只想知道最佳人选，但可以一次只考虑一位比之前所有人相对更优秀的人选，这样初轮筛选就淘汰了一批没有复试资格的人。重中之重是,任命的人一定要是最佳人选,其他一切选择都不行。因此,在面试完所有求职者之后,我们需要注意的是,在我们见到的所有求职者中谁最优秀。要想在这 $n$ 位求职者中挑出最强的一位,采取什么策略才能使选中的概率最大呢?

我们的策略是:先面试 $n$ 位求职者中的前 $c$ 位,然后在剩下的人中选择一个比这 $c$ 位都强的人。问题在于,该怎么选择数字 $c$ 呢?

假设我们有候选人 1,2,3,其中 3 比 2 强,2 比 1 强,那么我们面试他们的先后顺序有 6 种可能:123,132,213,231,312,321。如果始终选择第一位面试者,采取这种策略的话,在这 6 场面试中可以选中最优秀者的概率为 2/6,即 1/3;如果始终淘汰掉第一位而选择剩余面试者当中排名更靠前的一位,那么我们就在二(132)、三(213)、四(231)3 种情况中可以选中最优秀者,则选中的概率为3/6,即 1/2;如果淘汰掉前两位而选择最后一位面试者,能选中最优秀者的就只有一(123)、三(213)两种情况,概率即为 1/3。因此,有 3 名候选人时,淘汰第一位,在剩下两位选手中选择排名靠前的选手,选中最优秀那位的可能性最大。

这种分析可以运用到候选人数 $n > 3$ 的情况当中。候选人有 4 位时,面试顺序有 24 种。结果显示,淘汰一位而选择剩余排名靠前的选手,这种策略有11/24 的成功概率[1],把握最大。该论证适用于任何数量的候选人,下面看看选择剩下的候选人中更好选手会使选中最优秀者的概率怎样变化吧。

随着候选人数的不断增加,该策略和最终结果就越来越接近最佳情况。假设有 100 名候选人,最佳选择[6]是面试其中的 37 位,再在剩下的人中选出比前面所有选手都好的一位,然后就不再面试其他人了。这样选中最优秀者的概率约为 37.1%,跟随机挑选时 1% 的成功概率相比大了很多。[7]

---

[1] 挑选第一位或最后一位候选人,选中最优秀者的概率为 1/4,淘汰两名时概率为 5/12,淘汰一名时概率为 11/24,为最佳情况。——原注

在实际操作中你会采用这种策略吗？面试官在面试那些求职者时全都接见,这当然说得过去。可如果将同样的道理运用至寻找新主管、"选"一位妻子、预测下一本畅销书或者搜索好住处等情况,又会怎样呢？你不可能终生都去寻找。该在什么时候停下来作出抉择呢？如果是在寻找一个汽车旅馆投宿或找家餐馆吃饭,或者在网上搜索最佳度假方案或最便宜的加油站,你到底应该在看过多少种之后再作决定呢？这些都是我们在寻找最佳方案时遇到的关于顺序选择的问题。经验表明,在最终作决定之前,我们不会寻找太久。心理压力,或仅仅是(我们自己或者他人)不耐烦,都迫使我们在看完37%(关键部分)的可选项之前就仓促作出选择。

# 完美离婚协议

康拉德·希尔顿（Conard Hilton）在离婚协议中对我很大方，他给了我 5000
本基甸国际所赠的《圣经》。

——莎莎·嘉宝（Zsa Zsa Gabor）

"爸爸，我们一起分享才好。"有一次，三岁的儿子在吃完他自己的冰激凌后
盯着我的那份说。但是，分享并不是那么简单的一回事。如果要将一个东西分
给两个或更多的人，你应该怎么做？你可能会想只要平分就行了，对于两个人来
说就是将一份财产一分为二。不幸的是，尽管可以这样分配一些简单的东西，比
如一笔钱，但是当这笔财产对于不同人来说意义不同时，问题就出来了。如果是
在两个国家之间分割国土，各国都会有所看重，比如农业用水或可促进旅游业的
大山，不尽相同。反过来，即将分割的东西可能包含一些双方都不想要的，如家
务活或排队。

在离婚协议中，有很多东西可以分割，但每个人重视的部分各不相同。一位
可能最看重房子，另一位却珍视油画藏品或宠物狗。尽管身为调解者的你对将
要分割的不同物品有着自己的价值观，但当事人双方各自看重的财产价值不同。
调解者的目的就是，找到当事人双方都满意的分割方案，而这种要求并非指这两

半要在简单的数字意义上"相当"。

一种简单而传统的方式是,让一方将财产明确划分为两部分,然后让另一方选择他想要的那一部分。这种方法可以鼓励划分财产的一方审慎而公平,因为如果对方选择了"更好的"那一半,自己就亏了;不过,使用该方法时要避免对分割过程固有的嫉妒和偏见(除非分割者知道一些对方不知情的财产——例如,在一块土地下有油田)。这样做仍然有一个潜在的问题:双方对不同财产价值的认知不同,一方认为很好的东西在另一方看来不一定。

布拉姆斯(Steven Brams)、琼斯(Michael Jones)和克莱姆勒(Christian Klamler)曾经提出过一种较好的方式以帮助分手的双方分割财产,并能让双方都觉得公平。首先,让双方分别告诉仲裁者自己想要怎样公平分割财产,如果选择相同,就不存在问题,立即就可达成统一意见。如果意见不合,仲裁者就要介入。

假设全部财产都放在这条直线上,我认为 A 处为公平分割,而你认为从 B 处分割才公平。那么,公平分割应该为将 A 左侧的部分给我,B 右侧的部分给你,中间剩下的部分由仲裁者分成两半,我们各得一半。在此分割过程中,我们最后得到的财产都比自己预想的"一半"要多,皆大欢喜。

我们现在要讲的这种方法可能比布拉姆斯等人的方法更好,因为我们不会让仲裁者随便分割剩余部分。我们可以不断重复上述方法中公平分割的部分过程,各自得到自己觉得公平的那一部分,留下未重合的那一部分(现在就少多了)。继续照此方法分割,重复多次,直到最终剩下的那一部分(跟先前约定的部分相比)小到可以忽略不计,或者达到双方对剩余部分的分割意向相同为止。

如果当事人有三方或更多,分割过程就会复杂很多,但其本质不变。纽约大学已获得这些分割问题解决方案的专利权,可以用于解决纠纷和公平分割财产等商业用途,其中获批范围上至中东和平进程,下至美国离婚案件审理。

# 寻找生日
# 相同的人

*你还年轻,所以你觉得一个月的时间很长。*

——曼凯尔(Henning Mankell)

在邀请众人参加自己的生日聚会时,你可能想知道要请多少人才会出现"有一人跟自己同一天生日"的概率大于 50% 的情况。假如你之前不知道即将邀请的那些客人们的生日,再去掉闰年,假设一年有 365 天,那么至少需要 253 人参加你的生日聚会,才会使"有一人跟自己同一天生日"的概率达到 50%。[8] 这个人数比 365 的一半要大得多,因为这些客人之间有很多生日相互重合的情况,唯独跟你的生日不同。看来,要获得这样一个生日惊喜实在花销巨大。

还可以计划一个更为有趣的室内游戏,即找到一些同一天生日的人,而不一定要跟你的生日相同。如果想让客人中出现两个生日相同的人的概率为 50%,又需要请多少人呢?若是拿这个问题去问没有仔细计算过的人,他们估计的数量可能会远远大于真正答案。答案令人吃惊:请 23 个人时[①],其中有两个人同一天生日的概率为 50.7%;请 22 人和 24 人时,概率分别为 47.6% 和 53.8%。[9]

---

① 将闰年算进来略有变动,但该数值不会变。

任意找两个足球队（将裁判也算上），他们当中很可能有两人生日相同。这与前面寻找跟自己生日相同的人一例有些关系。只需 23 人就能出现两人生日相同的情况，这是因为在 23 人中可能有多对重合——实际上，有（23 × 22）/2 = 253 对。[①]

美国数学家阿尔莫斯（Paul Halmos）用一种稍微不同的方式发现了一个简便的近似值。他指出，如果我们聚集了很多人，设总人数为 $n$，那么至少要随机选出 $1.18 \times n^{1/2}$ 人，才能使这部分人中出现两人生日重合的概率大于 50% 的情况。将 $n = 365$ 代入公式，得出结果为 22.544，因此我们需要 23 人。

此分析基于一个假设：人们在一年当中任意一天出生的概率相同。在实际生活中，这几乎是不可能的，因为人们可能更多在假期受孕，剖宫生产一般也不会计划在圣诞节或新年伊始。优秀的男女运动员们也是另一个有趣的特例——你可以调查一下参加同一场比赛的英超联赛足球运动员或英国田径队。这里可能出现他们多在秋天出生的情况，其原因跟星座并无关系。英国的学校在 9 月份开学，因此 9,10,11 月份出生的孩子明显比同一学年中生于第二年 6,7,8 月份出生的孩子年龄要大，而在生命阶段当中，6 到 9 月对人的体力和速度影响很大。因此，出生在秋天的孩子更可能成功进入体育队，并拥有早年成功所需的动力、机遇和额外的辅导。其他需要不同成熟度的活动也是同样的道理。

在很多事务中，作为安全检验的一部分，我们都需要出示自己的出生日期。银行、网上购物和航空公司对客户进行安检时，都要用到出生日期。我们发现，安检时光看生日还不够，因为两位客户同一天生日的概率极高。如果要求提供出生年份和一个密码，概率就会降低很多。这与前面的问题本质相同，不同的是，这次不是生日聚会上有两人生日相同，而是客户出生年月日和一串 10 个字

---

① 第一种选择有 23 人，每人都有 22 种匹配的可能，因此用 23 × 22，再除以 2 是因为我们不关心这一对的顺序（即"你和我"跟"我和你"是一样的）。——原注

符的密码都完全相同,这个随机匹配的概率就小多了。如果要求用 8 位字母作密码,就有 $26^{10}$ 种选择。根据阿尔莫斯的公式,至少需要 $1.28 \times 26^5$ 人,即达到 15 208 161 名客户时,才会有 50% 的可能出现其中两人密码相同。截至 2007 年 7 月,世界人口约为 6 602 224 175 人,这时如果密码要求 14 位字母,要使两人密码相同的概率达到 50% ,所需人数远远超出了世界人口。

# 与风车战斗

答案啊，我的朋友，就飘在风里。

——鲍勃·迪伦(Bob Dylan)

　　在英国旅游时，你会看到越来越多的现代大风车，就像外星飞船点缀在村落里。它们的存在是有争议的。尽管它们可以提供一种更为清洁的能源，从而避免大气污染，但如果在纯朴的(当然要有风)乡村或海景中选址不当，它们就造成了一种新的视觉污染。

　　关于风车，或者我们今天所谓的"风力涡轮机"，有些有趣的问题。旧式风车有四片翼板，中心交叉成 X 状。现代的风车看上去像飞机螺旋桨，一般有三支桨臂。三臂(或丹麦式)风车如此普遍，原因有几个。三臂比四臂便宜(那为什么不用两臂呢?)。四臂风车没有三臂那么稳定。在四臂(或偶数桨臂)风车中，当一支桨臂处于竖直方向最高点而从风中获取了最大的力量时，与其相对的另一端会垂向地面，由于受风车支承柱所挡，无法受风，这样就会在桨臂间形成压力，导致风车晃动，这在强风下是很危险的。三臂(或奇数桨臂)风车则不会出现这种问题，它的三个桨臂之间的角度均为 120°，当一臂处于竖直方向时，另两臂不可能竖直。当然，三臂捕捉的风量比四臂少，要产生同样多的能量就必须

图 35.1　野外的风车

转快些。

　　风车的功率问题也很有趣,它由德国工程师贝茨(Albert Betz)在 1919 年首度解决。风车的翼板就像转子,当气流以速度 $u$ 吹来时,翼板扫出一片面积为 $A$ 的区域,然后传到下一个翼板,速度减为 $v$。在翼板的作用下,气流速度减缓,风车就从流动的空气中捕获了能量。气流在翼板上的平均速度为 $(u+v)/2$,单位时间内通过旋转桨臂的空气量为 $F = DA \times (u+v)/2$，其中 $D$ 为空气密度。气流通过转子前后的动能之差为 $P = Fu^2/2 - Fv^2/2$，这就是风车最终产生的能量。如果将 $F$ 代入该等式，那么产生的能量就是：$P = DA(u^2 - v^2)(u+v)/4$。

如果没有风车，风无障碍流动时的总能量为 $P_0 = DAu^3/2$。那么，要想使风车的风能捕获系数 $P/P_0 = 1$，就需要 $P = P_0$，这时风车作为风能发电机的工作效率为 100%。将等式展开，得到 $P/P_0 = [1 - (v/u)^2][1 + (v/u)]/2$。这个式子很有意思，当 $v/u$ 很小时，$P/P$ 接近 1/2；当 $v/u$ 接近其最大值 1 时，$P/P_0$ 趋近于 0，因为没有风速可以捕获。当 $v/u = 1/3$ 时，$P/P_0$ 取最大值，这时功率就达到最大值 16/27，即 59.26%，这就是贝茨法则提出的风车或转子的最大风能捕获系数。该系数小于 100% 的原因不难理解：如果系数 $P/P_0$ 为 100%，那么，入风流的动能就要全部被风车消去。比如，可以将风车做成实心圆盘，这样就能挡住所有的风，但转子就不转了。而因为没有风流过风车的翼板，出流风速 $v$ 就成了零。

在现实生活中，较好的风力涡轮机的效率能够达到 40%。能量在最终被转化成可用的电能之前，在轴承和传送带上还会损耗很多，最终可以转化为可用能量的风能只剩 20%。

当 $v/u = 1/3$ 时，翼板、转子或涡轮捕获的风能最大，为 $P_{max} = (8/27) \times D \times A \times u^3$。如果转子的直径为 $d$，则转出的区域面积为 $A = \pi d^2/4$。如果风车的工作效率为 50%，则最终输出的电力约为 $1.0 \times (d/2)^2 \times u^3$ 瓦。

# 文字游戏

只见旅馆房门的背面挂着的"请勿打扰"的牌子,却没有辣妹和小贝的身影。

——迪顿(Angus Deayton)

巧妙的魔术近看时十分令人费解,但当魔术师揭秘真相时,却让人唏嘘不已:他那么轻易就误导了你,你对在自己眼皮子底下发生的事情却浑然不知,而它又是那么简单。你很快就意识到,在面对魔术中的餐具弯曲或悬浮术时,自己是多么缺乏判断力。科学家们是最容易上当受骗的,因为他们还没习惯大自然耍花招来捉弄自己,他们相信眼见为实;而魔术师们则什么都不信。

本着这种精神,我跟你讲一个根据摩根(Frank Morgan)的文字游戏改编的数学小故事。你要留心故事中的每个细节,但随着故事的发展,其中竟然有一笔钱不见了,你必须找出它去哪儿了或者到底还在不在。

一天晚上,三位游客每人身上只有 10 英镑,就找了一家便宜的小旅馆投宿。他们决定一起住一间大房,旅馆总共要收 30 英镑,于是他们每人给了 10 英镑。就在服务生帮忙搬行李,他们动身去房间时,接待员收到旅馆连锁店总部的邮件,说公司正在提供一种特价服务,住宿房价降至 25 英镑一晚。接待员极为诚

实,很快就让服务生回去退 5 英镑给这三位房客。然而,服务生不太老实,他想到自己帮忙搬行李时这三位客人没有给小费,也不知道该怎么将这 5 英镑平分给三人,于是就收了 2 英镑作为自己的"小费",将剩下的 3 英镑每人退了 1 英镑。这样一来,三位客人住房各自花了 9 英镑,而服务生兜里有 2 英镑,加起来总共为 29 英镑,但他们开始的确付了 30 英镑,那还有 1 英镑去哪儿了呢?①

---

① 再仔细看这段话,你就会发现,其实钱一分都没少。最后三位客人共收到 3 英镑,服务生得到 2 英镑,旅馆收了 25 英镑。——原注

# 时间旅行者
# 的金融投资

我不是预言家！我就是骗子！我根本不懂什么预测。我要是能预见结果的话，我早就待在家里了。

——《高卢英雄》(*Asterix and the Soothsayer*)

假如宇宙中的高级文明已经拥有完备的时间旅行艺术(和科学)，那么去未来旅行是毫无争议的。爱因斯坦的时间和运动理论(该理论准确描述了我们周围的世界)就预测了它的发生，并对其做过思想实验。如果将一对同卵双胞胎分开，一个待在地球上，另一个则去宇宙旅行一圈。然后，从宇宙回来的那个兄弟会发现自己比待在地球上的兄弟年轻，原来自己在时间旅行时，去了家中兄弟的未来。

因此，乘时间机器到未来旅行只是一个实践的问题：你能制造这样一种交通工具吗？它既能承受重压，又能达到接近光速的速度，如果可以，到未来旅行就可以实现了。而乘时间机器到过去旅行的问题却完全不同——它属于"改变过去"这一佯谬领域，其中大部分都建立于错误的观点之上。①

---

① 参见《无限大的秘密》(*The Infinite Book: A Short Guide to the Boundless, Timeless and Endless*)，约翰·D.巴罗著。——原注

可以明显地证明,在我们的世界里,时间旅行者没有从事有计划的经济活动。我们注意到一个重要的经济事实是利率不为零。如果为正利率,回到过去的时间旅行者就会利用自己从未来获取的股价信息去投资将最快增值的股票。他们将在投资和期货市场大获渔利。最终结果就是,利率将很快趋近于零。如果为负利率(这样对未来的投资就不太值钱),时间旅行者就在当前价格最高时将投资额卖掉,然后在未来以低价重新买进,以便在回到过去时再次以高价卖出。市场阻止这种永远赚钱机制的唯一办法是再次让利率跌到零。因此,非零利率的存在便意味着,由未来回到过去的时间旅行者没有从事股票交易活动。①

同种论述也适用于赌场和其他形式的赌博。实际上,它对于时间旅行者来说可能是一个更好的选择,因为它是免税的。你如果知道德比赛马②未来的赢家是谁,或者轮盘上的小球下一次会停在哪个数字上,那你旅行回到过去就一定会赢一盘,但是赌场和其他形式的赌博现在仍然存在并大笔大笔地赚钱这一事实再次证明,时间旅行者并不存在。

这些例子看上去可能不真实,但仔细思考一下,难道这样的论述有悖于超感知觉或通灵知识吗?任何能够预见未来的人都有一个很大的优势——他们能快速轻易地聚集大量财富。每周的彩票他们都能赢。如果真有人(或前辈)拥有这种可靠的直觉,他们就有了革命性的巨大优势,他们可以准确预知未来的灾难和动向。任何赋予人料事如神、未雨绸缪能力的基因都会迅速传播开来,绝大多数人很快都会拥有这种基因,但事实上,超自然的心灵能力十分罕见,这就对该基因的存在提出了强烈的质疑。

---

① 该论述最先由加利福尼亚的经济学家赖因格纳姆(Marc Reinganum)提出。更为保守的投资者要注意,如果 2007 年在复利为 4% 的储蓄账户中存 1 英镑,到 3007 年就能升值到 $1 \times (1+0.04)^{1000} = 1.08 \times 10^{17}$ 英镑。然而,到时候这些钱很可能只能用来买一份《星期日周报》。——原注

② 一年一度的美国肯塔基赛马会是全球最盛大的体育赛事之一,有着"赛马界奥斯卡"之称。——译注

# 金钱遐思

金钱的罪恶之一在于,在它的诱惑下,我们眼里只有它,而没有它买来的东西。

——福斯特(E. M. Forster)

硬币误事。买 79 便士(或 79 美分)的东西,你要将钱包翻个底朝天,凑足这些硬币。而如果直接拿 1 英镑(或 1 美元)整钱出来,对方就会找你更多的零钱,下次你翻零钱要花的时间就更长。问题就是:怎样组合不同的币值,才能让找零最为方便快捷呢?

在英国(和欧洲),我们有 1,2,5,10,20 和 50 便士这几种不同的硬币来凑齐 1 英镑(或 1 欧元)。在美国,有 1,5,10 和 25 几种不等的硬币用来找零 1 美元或 100 美分。这种币制运用了计算机科学家称之为"贪婪算法"的简单妙诀,可以用最少的硬币凑齐 100 美分以内的任意金额,从该意义上讲,这种币制很是便捷。正如其名,这一妙诀先尽量囊括最大的币值,然后是次大的,以此类推。如果我们想凑足 76 美分,只用 3 枚硬币就可以,币值分别为 50,25 和 1 美分的硬币各一枚。在英国,76 便士需要币值为 50,20,5 和 1 便士的硬币各一枚,因此最少需要 4 枚硬币——这比美国币制中的情况多一枚,但它有更多的币值可供选择。

我大学的最后一年值得纪念,因为在此期间,英国于1971年2月15日将货币制度改为十进币制。由于历史原因,在先前以英镑、先令和便士为主的旧币制当中,有很多面值的硬币并不常见。那时,1英镑为240便士(标志为d,源自拉丁词 denarii)。在我孩童时期,还有面值为d/2,1d,3d,6d,12d,24d和30d的硬币,分别叫作半便士、1便士、3便士、6便士、先令、弗罗林和半克朗。这种货币体系没有遵守贪婪算法中最高效的找零方法,因此就没有那么简便。如果想要凑足旧的48便士(4先令),根据贪婪算法,只需面值为30,12和6便士的硬币各一枚就够了,也可以用两枚24便士的硬币,这样效率就更高了。在几百年前,还有一种面值为4便士的硬币,叫格罗特,它在找零钱时起着同样的作用。为凑足8便士,贪婪算法会用3枚硬币,即一枚面值为6便士和两枚面值为1便士的硬币,但实际上只用两枚4便士的硬币就可以了。当我们将2便士以上的硬币面值加倍后(如24便士或4便士),这种情况就出现了,因为再没有那种面值的硬币了。在美国、英国和欧洲的现代货币中,是不会出现这种面值的。

现行的所有币制用的都是一套相近的约整数,即发行面值为1,2,5,10,20,25和50的硬币,但这就是最好的一套币制吗?这些数字在相加和组合时虽然相对容易一些,但在用尽可能少的硬币来找零时,这是最佳的方法吗?

几年前,夏利特(Jeffrey Shallit)在安大略省的滑铁卢市进行了一项网上研究,以美国币制的多种币值选择为基础,调查了凑出1美分到100美分之间任意零钱所需的平均硬币数。如果使用1,5,10和25美分面值的硬币,凑出1美分到100美分之间的任意零钱,平均需4.7枚硬币。如果你只有面值为1美分的硬币,凑99美分就要99枚硬币,平均所需硬币枚数就是49.5。当然,这是最坏的情况,只有面值为1美分和10美分的硬币时,平均数就变成了9。现在就出现了一个有趣的问题:我们能否不用常规的1,5,10和25美分的硬币,而用另一套4种面值的硬币,让硬币的平均枚数减少呢?如果有1,5,18和29美分,或者1,

5,18 和 25 美分的 4 种面值,凑出 1 美分到 100 美分之间的任意零钱,平均只需 3.89 枚硬币。最好的一套币值方案就是 1,5,18 和 25 美分,这只需要对现有面值稍微做些变动,即用面值为 18 美分的硬币换掉 10 美分的硬币。

如果我们做一个类似的分析,讨论在流通的货币中添加哪些面值的新币,能最大限度地提高货币流通效率,就能看到英国或欧元币制会发生什么了。现行币制中有 1,2,5,10,20,50,100 和 200 的面值(英国有 1 英镑和 2 英镑的硬币,但没有 1 英镑的纸币)。在这些币制中,凑出 1 到 500(便士或美分)之间任意零钱所需的平均硬币枚数为 4.6,但通过添加一枚面值为 133 或 137(便士或美分)的硬币,该数字就能降至 3.92。

# 打破平均律

世界上有三种谎言:谎言、弥天大谎和统计数字。

——迪斯累里(Benjamin Disraeli)

在第 35 篇中,我们探讨了风能的利用,其实它还暗含着微妙有趣的统计学知识,我们了解一下也不错。我们都知道,世界上有三种谎言——谎言、弥天大谎和统计数字,迪斯累里已经提醒过我们,但知其然,还要知其所以然——这些危险潜伏在哪里呢? 我们来看看,在风能一例中,统计学是怎样暗中误导我们的。已知从风中可获得的能量与风速的立方 $v^3$ 成正比。为了避免写进其他相关量,如恒定不变的空气密度,我们假设单位时间内产生的能量为 $P = v^3$。为简洁起见,再假设一年内的平均风速为 5 米/秒,那么,一年内产生的总能量为 $5^3 \times 1 = 125$。

实际上,平均风速并不是风一贯的速度。假设允许简单的波动,设在这一年中有一半的时间风速为零,另一半的时间风速为 10 米/秒,那么全年的平均风速还是 $10 \times 1/2 = 5$ 米/秒。现在产生的能量又是多少呢? 有半年能量为零,因为速度为零;另一个半年内产生的能量为 $10^3 \times 1/2 = 500$。因此,全年产生的总能量为 500,比我们只取平均速度时要多得多。风速较大的时段极大地补充了无风时段内的能量输出。实际上,一年内风速的分布比这个例子要复杂很多,但它也有一个相同的性质:在风速高于平均速度时增加的能量远远超出风速低于平均速度时缺失的能量。这就是一个与众所周知的平均律不符的例子。其实,平均律根本不是一个普遍适用的规律,而只是很多人的直觉,他们认为数据的波动在最后全都被抵消了——长期来看,在平均水平上下波动的消长幅度相近,而且最终会相互抵消。这对于统计数字中特殊的对称型随机波动是没错的,但风能的产生情况却不同,速度超出平均水平的风,其能量比速度低于平均水平风的能量要大得多。所以,一定要提防平均数。

# 能 存 在 多 久

统计数据就像比基尼，露出的引人遐想，但遮住的部分才是关键。

——莱文斯坦（Aaron Levenstein）

统计数据非常强大，它们似乎不费吹灰之力就让你相信一些事情。比如，只取样一两个选区选民的初期选择，就能预测选举的结果。在外人看来，这种结论的得出毫无证据。关于这种浅显的魔法，我最喜爱的一个例子就是预测未来。如果某一习俗或传统已经存在了一段时间，那么，它在未来还会存在多久呢？基本思路很简单。如果能在将来任一时刻看到某物，那么在它整个生命周期中95%的时间内瞥见它的概率为95%。设时间总跨度为一个时间单位，将中间0.95的区间取出，则一头一尾分别剩下 0.025 的区间：$0 \leftarrow 0.025 \rightarrow$ A$\leftarrow 0.95 \rightarrow$B$\leftarrow 0.025 \rightarrow 1$。研究时间 A 时，将来占 $0.95 + 0.025 = 0.975$，过去占 0.025，则将来是过去的 $975/25 = 39$ 倍；同理，研究时间 B 时，未来只是过去的 1/39。

研究历史事物，如研究中国长城或英国剑桥大学的存在时，假设我们不是从过去的某一个时间来观察，我们就有 95% 的把握预测它能在未来存多久（无需十分接近它的始末）。① 上述时间概率显示了我们所需的数字。如果一个制度已经存在了 $Y$ 年，我们从过去某个时间观察它时，就有 95% 的把握认为它在未来至少能存在 $Y/39$ 年，最多不超过 $39Y$ 年。[10]到 2008 年，剑桥大学已经有 800 年的历史。利用该公式可以预测，2008 年之后，它将有 95% 的可能性继续存在至少 $800/39 = 20.5$ 年、最多 $800 \times 39 = 31\,200$ 年。美国在 1776 年宣布独立，它将存在 5.7—8736 年，概率为 95%。人类历史已有 2\,500\,000 年，有 95% 的可能继续存在 6410—$9.75 \times 10^6$ 年。如果认为宇宙形成至今有 $1.37 \times 10^{10}$ 年，那么它还将存在 $3.51 \times 108$—$5.343 \times 10^{11}$ 年，概率仍然为 95%。

试试其他存在时间较短的事物吧。比如我的房子已经有 39 年历史，我就不用担心它在明年突然受灾，而是惊讶于它有 95% 的可能继续存在 1521 年。你也可以用这个公式算算足球俱乐部经理、生意、国家、政党、时尚、伦敦西区的赛程将持续存在的时间。做预测也是一件很有趣的事。在写下这篇文章时，布朗（Gordon Brown）自 2007 年 6 月 27 日出任英国首相已经有 3 个月了，但我们有 95% 的把握预测，他还将在任至少两三天，但最长不会超过 9.75 年。到本书出版时，你或许就能验证该预测了！②

---

① 在此我们试图将此规则推广应用于万事万物，但还是应该注意：有些事物的寿命不仅仅由概率决定，还有其他更为重要的因素，如生化因素。对于由非随机过程决定变化期限的情况，运用此概率规则得出的最长（或最短）存在时间是错误的。比如，根据该公式可以算出，一位 78 岁的老人还能再活 2—3042 年。然而，我们可以预计他再活 50 年的概率为零。78 岁在人的生命周期中不是一个随机的时间，因为相对于人的出生日期，它更接近于生命过程的终点。——原注

② 布朗于 2010 年 5 月辞去英国首相职务，在位时间不到 3 年。——译注

# 喜爱三角形胜于五边形的总统

不需要专家的水准就能玩转三角形。

——维基百科之三角形

詹姆斯·加菲尔德(James Garfield)是美国的第二十任总统。人们对他知道最多的就是,1881年7月2日,他在上任后的第四个月,被一位在联邦政府谋官未成者刺杀,于十周后去世。奇怪的是,尽管电话发明者贝尔(Alexander Graham Bell)受命制造了一种金属探测器,来帮助寻找射入总统身体的那颗致命子弹,但始终未能找到。贝尔成功制造了这种装置,但没有效果。无人怀疑这种探测工具有故障,当时人们怀疑主要是因为加菲尔德在白宫的床有一个金属框架(这在当时十分罕见)。回想起来,总统死亡的真正原因是粗心的医疗护理刺伤了他的肝脏。加菲尔德成为美国第二位被刺杀的总统,也是任期第二短的一位总统。惨痛过后,他的名字在小范围内却流传了下来,因为他对数学作出过不凡的贡献。

1856年从威廉姆斯大学毕业后,加菲尔德最初打算做一名数学教师。他教了一段时间的古典文学,意欲当校长而没成功,但他的爱国热情和强烈的愿望驱使他去竞选公职,三年后入选俄亥俄州参议院,并于1860年获得高级律师资格。1861年离开俄亥俄州参议院之后,加菲尔德参军了,步步高升成了一名少将。

两年后又进入美国国会众议院,并在那里待了 17 年,直到 1880 年成为共和党总统候选人。最终因承诺改进全美教育,在公众选举中险胜民主党候选人汉考克(Winfield Hancock),成为美国历史上唯一一位从美国国会众议院直接被选出的总统。

然而,加菲尔德最大的贡献和政治一点关系都没有。1876 年,在美国国会众议院任职期间,他喜欢和国会成员探讨开拓思维之类的问题。在和同事交流时,他提出了一个证明直角三角形勾股定理的新方法,并将其发表在期刊《新英格兰教育》(*New England Journal of Education*)上。加菲尔德曾评论该期刊说:"我们认为在它这里,我们两议院的成员可以团结起来,而没有党派之分。"

勾股定理是数学家们已经教授了 2000 多年的定理,他们通常运用的是欧几里得(Euclid)在其著名的《几何原本》(*Elements*)一书中提出的证明方法,该书约于公元前 300 年写于亚历山大里亚。欧几里得无疑是最早在书中提出了证明方法的人。巴比伦人和中国人都有不错的证法,古埃及人也深谙该理论并能将其大胆运用在建筑工程上。在几千年来勾股定理所有的证明方法中,加菲尔德的证法是最简单且最易理解的方法之一。

取两个完全相同的直角三角形,三条边分别为 $a, b, c$。将这两个三角形放置成如图 41.1 的形状,上下底平行,中间是一个 V 字形,再将两个三角形的顶点连起来,形成一个梯形(美国人将其称为不规则四边形)。它是一对边平行而另一对边不平行的四边形。

加菲尔德的图形中有三个三角形,其中有两个是最初放进去的,第三个是连接两个顶点后形成的。他要求我们用两种方法算出梯形的面积。方法一:梯形高为 $a + b$,乘以平均宽度 $(a+b)/2$,则梯形总面积为 $(a+b)^2/2$。可以通过改变梯形的形状,使其变成上下两边宽度相同的矩形来验证结果,则新的宽度为 $(a+b)/2$。

现在,再用第二种方法来计算面积。我们可以看出,该图形是由三个直角三角形组成。一个三角形的面积就是将两个这样的三角形沿对角线拼在一起所占面积的一半,因此就是底乘以高所得结果的一半。因此这三个三角形的总面积就是 $ab/2 + c^2/2 + ab/2 = ab + c^2/2$,如图 41.2 所示。

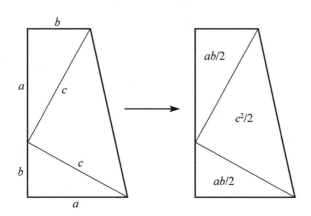

**图 41.1 第一种面积计算方法    图 41.2 第二种面积计算方法**

由于这两种计算方法得出的总面积一样,因此就有 $(a+b)^2/2 = ab + c^2/2$,则 $(a^2 + b^2 + 2ab)/2 = ab + c^2/2$,等式两边同时乘以 2 就得到 $a^2 + b^2 = c^2$,这就是勾股定理。

真的应该要求美国所有的总统候选人在总统电视辩论时讲讲这种证明方法。

# 巧获密码

没有商标就不能购买或出售商品。

——启示录

密码是否只是意味着战时国家的间谍和特务？显然不对,密码在我们周围无处不在,信用卡、支票、银行票据,甚至在本书的封面上。密码常常发挥着加密信息的传统作用,这样窥探者就不能轻易读取信息,或者防止第三方窃取我们的网上银行账户。除此之外,密码还有很多其他用途,如预防数据库无故瘫痪或受到恶意攻击等。在购物时,如果对方在他们的机器中输入你的信用卡号码时,不小心输错了一位(尤其是将相邻的两位数字顺序颠倒,比如将 34 写成了 43;或是相同的两个数字写错,如将 899 写成了 889),那可能就有别人为你买单了。在输入税务标识号、飞机票密码或护照号码时出错,则可能会通过电子系统传播开来,从而造成越来越多的混乱。

商界已经找到了一种对抗这种问题的办法:让这些号码自行校验,并告诉电脑所输入的号码是否为有效的机票或银行券序列号。有很多类似的方法可以校验信用卡卡号的有效性。很多公司都采用美国国际商用机器公司(IBM)引入的 12 或 16 位数字信用卡号的校验系统,手工操作该过程比较费力,但用机器就可以瞬间检查完毕——如果识别出卡号输入有误或是伪造的,校验机器就会将其驳回。

以(假想的)维萨卡卡号 4000 1234 5678 9314 为例。首先,从第一位开始从左到右每隔一位抽出一个数字(即奇数位上的数字),分别乘以2,得到数字8,0,2,6,10,14,18,2。然后,将上述两位数(如10,14,18)的十位和个位上的数字相加(得到1,5,9),或者减去9(结果相同)。现在得到的数字就是8,0,2,6,1,5,9,2,将这些数字加起来,然后再加上原卡号中所有偶数位上的数字(即第一次没算进来的数字,即0,0,2,4,6,8,3,4),最后得出总和 8 +0 +0 +0 +2 +2 +6 +4 +1 +6 +5 +8 +9 +3 +2 +4 = 60。要让卡号有效,经过上述计算后的总和必须能够被10整除,如上例中的60。而如果卡号为 4000 1234 5678 9010,最后算出的结果是53(因为它只有最后一位和倒数第三位与上面的卡号不同),则不能被10整除。这个运算过程可用于校验大多数信用卡。

该校验系统能大量识别出简单的输入和读数错误,可以检查出所有单个数字的错误和大多数相邻数字顺序颠倒的问题(尽管90误输为09时会漏掉)。

还有一种常见的校验数字条形码(除非我们是超市收银员,否则就不会留意到)叫作通用产品代码(UPC)。它最初于1973年用于杂货店产品上,后传播开来,到现在所有商店的商品上几乎都贴有UPC码了。这种条码有12位数字,呈线状,用激光扫描仪就可以读取。UPC码由四部分组成:两个单独的数字之间有两组数串,每组5个数字,比如,现在我数码相机的盒子上标的就是 0 74101 40140 0。其中,第一位数字表示产品的种类:所有种类的产品分别用0,1,6,7,9 表示,2 表示奶酪、水果和蔬菜这类计重出售的产品,3 表示药物和保健用品,4 表示降价或凭商店会员卡可优惠的产品,5 表示凭优惠券等优惠的产品。接下来的五个数字表示生产厂家(我相机上就是指富士),再后面的五个数字是生产厂家用来识别产品的大小、颜色等价格之外的特征,最后一位数字(此例中为0)是校验数字。有时数字并没有被印刷上去,而只用条形码表示,读码器同样能接受或否定 UPC 码。下面是 UPC 码的生成过程：将奇数位上的数字相加（$0+4+0+4+1+0=9$），乘以 3（即 $3\times9=27$），再加上偶数位上的数字，就得出了最后的结果（$27+7+1+1+0+4+0=40=4\times10$），最后再检查一下它是否可以被 10 整除（很明显可以）。

接下来就是条形码了。两端两个单个数字之间的空间被分成了七个部分，分别填充着一层黑色印记，这些印记涂层随着它们代表的数字而明暗不一。在所有 UPC 码的两端，都有两条平行且宽窄相同的"护栏"，用于决定中间线条的宽窄和间隔。在这两个"护栏"中间，有四组相似的主要码，有时其中两组较另两组长一些，这样就能将厂家身份标识和产品信息区别开来，而不会掺杂其他信息。条形码的实际位置和宽窄形成了由 0 和 1 表示的二进制代码：用一个二进制的奇数来编码厂家信息，偶数编码产品信息。这样就可以避免两者的混淆，而且能让扫描器从右往左或从左往右读数时都清楚自己读取的信息。我们总以为生活很简单，其实却忽略了身边无处不在的微妙事物。

# 我老记不住名字

Margot 中的"t"不发音,就跟 Harlow 中的"w"一样。

——阿斯奎思(Margot Asquith)在哈洛(Jean Harlow)
读错自己的名字时纠正道

你要是在手机电话本上记过别人的名字,就知道要拼写正确是一件多么复杂的事情了。通常我们会让对方将自己的名字拼出来,这样就不会出错。还记得我读博时候的导师夏尔马(Dennis Sciama),他的姓比较罕见,读作 Sharma。上班时,如果不认识的人打进电话,他就要花很多时间来跟对方拼写自己的名字。

有时口头或书面信息不能重复或是出现了书写错误,而我们又想在查阅别人的信息时不出错。最古老的改进方案叫作语音编码系统,由拉塞尔(Robert Russell)和奥德尔(Margaret Odell)两名美国人于 1918 年发明,此后经过多次微小的修改。该系统设计之初是为了帮助确保口头整理的户口普查资料的完整性,之后被用于航空、警务和票务系统。

这个系统的目的就是要编码人名,将那些发音相同但拼写起来有微小区别的名字(简称为不同拼法,如 Smith 和 Smyth,Ericson 和 Erickson 等)都编码为一组。这样,当进入其中一组,就会看到其他几个不同拼写,从而在归档时不会弄错其中任何一个名字。在寻找亲人或祖先,尤其是寻找名字可能已经有轻微变动的外国移民时,这种编码就非常有用。它能自动显示众多相近的人名拼法,这样我们就不用挨个寻找,而且还能看到自己没想到的拼法。下面就是它在处理人名时的工作原理:

1. 保留名字的首字母。

2. 除了名字的首字母之外,删掉在名字中出现的 a,e,i,o,u,h,y,w 这几个字母。

3. 给剩下的字母标号:

b,f,p,v 都标作 1;

c,g,j,k,q,s,x,z 都标作 2;

d 和 t 标作 3,l 标作 4;

m 和 n 标作 5,r 标作 6。

4. 在最初的全名中,如果两个或以上的字母号码相同且相邻,就只保留第一个。

5. 最后,只记下剩余字母中的前四个。如果总共少于四个,少几个就在末尾加几个零,让整个字符串长度达到四位。

我的名字是 John,该过程就是:先变成 Jn(第一步和第二步),然后是 J5(第三步),最后记下的就是 J500。如果你叫 Jon 的话,也会得出同样的结果。同样,Smith 和 Smyth 都成了 S530,而 Ericson, Erickson, Eriksen 和 Erikson 都得出 E6225 这一结果。

# 微积分助你长寿

作为一名数学老师，我深知如何让学生明白数学与生活息息相关的重要性，而太平间为我提供了一种新颖独特的方法。毕竟，在这个世界上，没有什么比死亡更普遍。我的学生在学习了衰变率和防腐理论之后，似乎变得更乐意学习严谨的微积分了。

——数学殡仪学家、教授，托德曼（Sweeney Todman）

业余爱好者与专业人士的区别在于，业余爱好者可以自由学习他喜欢的东西，而专业人士还要学他不喜欢的东西。因此在数学教学中，就有一部分内容对于学生来说相当吃力，就像冬天在严寒和大雨中跑步那样令人不快，但对于志存高远的奥运会运动员来说却非常重要。以前，当学生问我他们为什么要学这些异常复杂且极为枯燥的微积分时，我常常会给他们讲俄罗斯物理学家乔治·伽莫夫（George Gamow）在他古怪的自传《我的世界线》（*My World Line*）中讲述的一个故事，关于他一个朋友特别的经历。塔姆（Igor Tamm）是一位来自符拉迪沃斯托克的年轻物理学家，因为发现并解释了切连科夫效应，与他人共同获得了1958 年诺贝尔物理学奖。

塔姆曾在乌克兰的敖德萨大学教授物理。城内正赶上食物短缺，于是他去了一趟附近的村庄想要卖点东西换些食物。当时这个村庄被荷枪实弹的强盗团伙占领了。塔姆穿着城里人的衣服,这帮强盗怀疑他,就抓他去见首领。首领质问他是谁,在干什么。塔姆拼命解释自己只是一个大学教授,来这里只是想找点吃的。

"教授? 教什么的?"团伙的首领问道。

"数学。"塔姆回答。

"数学?"首领说,"好! 那你给我算算,麦克劳林级数的前 $n$ 项结果是多少?[11]算出来你就可以走了,算不出来的话,脑袋就没了!"

塔姆一点也不恐慌。只是正对着枪口,多少有点紧张,但他还是成功算出了答案——在大学数学第一次微积分课上,他就跟学生讲过这道很难的数学题。他把答案递给首领,首领仔细看完后说:"没错! 回家吧!"

塔姆一直都不知道那位奇怪的团伙首领是谁,不过他觉得那个人后来应该是在某个地方负责大学教学质量保障工作。

# 也谈拍动

古时候有两个飞行员得到了翅膀,其中一位叫代达罗斯(Daedalus),他在空中安全飞行,最后安全着陆。另一位是伊卡洛斯(Icarus),他飞得太高,导致蜡熔化后将其翅膀粘住,最后葬身大海。这个古训告诉我们,后者是"愚蠢之举"。我却更愿意认为,正是他暴露了那个时代飞行器的构造缺陷。

——爱丁顿(Arthur S. Eddington)

很多东西都是通过拍动而移动的:鸟儿和蝴蝶靠双翼的振动,鲸鱼和鲨鱼靠尾巴的摆动,鱼靠鳍的摆动。所有这些情况中都有三个重要因素在起作用,它们决定着运动的灵活度和效率:首先是大小——生物越大就越强壮,翼和鳍越大,它们作用的空气或水的体积就越大;其次是速度——生物飞行或游动的速度显示出,它们与自身所处的介质和使它们减速的阻力之间的互动有多快;最后是它们的双翼或鳍的拍动频率。有没有一个共同因素,能将鸟和鱼所有不同的运动一举囊括呢?

你可能已经设想过这样一个因素。当科学家或数学家面对同一现象的众多事例时,比如飞行和游泳——虽细节上有差别但本质相似,他们通常会用一种纯数的量来将不同的例子分类。我的意思是指,这种量没有单位,这与质量或速度那样的量不一样。在量度单位变化的情况下，这种量保持不变。因此，即使在单位换算时，步行的路程由 10 千米变成了 6.21 英里，只要路程与步长的单位统一，它们的比值（路程除以步长）就保持不变，因为这个比值就是你走完这么多路程所需的总步数。

对于最初举出的例子，有种方法可以将三种因素组合起来——设单位时间内的拍动频率为 $f$，振幅为 $L$，行进速度为 $v$，这样就能得到一个纯数的量。① 这个组合就是 $fL/v$，并被称作斯特劳哈尔数，是以布拉格查尔斯大学的一名捷克物理学家斯特劳哈尔（Vincenc Strouhal，1850—1922）命名的。

2003 年，剑桥大学的泰勒（Graham Taylor）、努德（Robert Nudds）和托马斯（Adrain Thomas）三人指出，如果我们用斯特劳哈尔数 $St = fL/v$ 的值来表示各种浮游和飞行动物的寻常速度（不是在追赶猎物或逃亡时瞬间爆发的速度），那么，它们就落在一个相当小的数值范围内，这个范围可以认为反映了导致这些动物不同进化历程的特征。他们当时考虑了很多不同的动物，我们只挑几种来看看多样性背后的统一性。

对于一只飞鸟，$f$ 表示翅膀振动的频率，$L$ 表示振动的整体幅度，$v$ 表示向前飞行的速度。对于一只典型的茶隼，翅膀的振动频率约为 5.6 次/秒，振幅约 0.34 米，飞行速度约 8 米/秒，则 $St$（茶隼）$= (5.6 \times 0.34)/8 = 0.24$。一只普通蝙蝠则有 $v = 6$ 米/秒，$L = 0.26$ 米，$f = 8$ 次/秒，则 $St$（蝙蝠）$= (8 \times 0.26)/6 = 0.35$。对 42 种不同的鸟做同样的计算会发现，蝙蝠和飞虫的斯特劳哈尔数（$St$）变动范围为 0.2—0.4，这和海洋物种结果相同。罗尔（Jim Rohr）和菲什（Frank Fish）在圣迭戈、西切斯特和宾夕法尼亚对鱼类、鲨鱼、海豚和鲸鱼进行的广泛研究表明，大多数这类动物（44%）的 $St$ 值都在 0.23—0.28 间变动，跟飞行类动物的 $St$ 取

---

① 频率 $f$ 的单位是 1/时间，$L$ 表示距离，速度 $v$ 为距离/时间，所以 $fL/v$ 没有单位，只是一个纯数。——原注

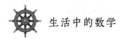 

值范围很接近。

也可以这样算算人类。男性俱乐部中的一名平均水平的游泳者在 60 秒内能游 100 米（即 $v = 5/3$ 米/秒），手臂要划完整的 54 圈（$f = 0.9$ 次/秒），手臂在水中划动的幅度为 2/3 米（$L = 2/3$ 米），则有 $St$（人类游泳者）$= (0.9 \times 2/3)/(5/3) = 0.36$。出人意料的是，这跟鸟类和鱼类很接近。澳大利亚长跑明星泰勒－史密斯（Shelley Taylor-Smith）7 次赢得世界马拉松游泳冠军，这位当之无愧的世界最优秀的游泳运动员，20 小时内在开阔的海水中游了 70 千米，平均划动频率为 88 次/分钟。这样算来，她的斯特劳哈尔数为 1.5，接近美人鱼的数值，跟普通人相比确实惊人。

# 数越来越大

输入邮编就可以看到自家附近的恶作剧商店。

——英国恶作剧商店

生活似乎处处由数作主。我们要记住 PIN 个人识别码、账户号码、密码以及天底下各种机构和政府部门用到的不计其数的数字,以及其他一些我们永远都不知道的数字。有时我在想,会不会有一天我们的数字不够用了。我们最为熟知的数字之一就是邮编,它标示了我们的(大致)地理位置。我的邮编是 CB3 9LN,再加上我的房屋门牌号,足以让我的邮件安全抵达。尽管我们执意要加上具体城镇和街道名作为备用信息,或者为了使听起来更人性化,其实这些大可不必的。我的邮编是按照全英国的邮编模式编写的:由四个字母和两个数字组成。字母和数字的位置其实并不重要,但在现实生活中是有意义的,因为字母表示区域分类和分送中心(我邮编中的 CB 就表示 Cambridge,即剑桥)。不过,我们不用担心这个细节,反正邮局不担心自己六个字符的邮编会被用完——我们来算算这种形式的邮编可以写出多少个吧。邮编中的四个字母从 A—Z 共 26 个字母中选择,每个都有 26 种可能;而另外两个数字要从 0—9 共 10 个数字中选择,每个都有 10 种可能。如果这六位字符都是独立选择,那么就可以写出 $26 \times 26$

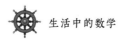

×10×10×26×26＝45 697 600个符合当前邮编模式的邮编,将近4600万。目前,英国的家庭总数约为26 222 000,即刚刚超过2600万,预计在2020年会增至2850万。由此可见,我们相对较短的邮编数量跟家庭总数相比也是绰绰有余。然而,如果我们给每人都分配一个独一无二的标志码,这种邮编模式就不够用了。2006年,英国人口达到了60 587 000,约为6050万,这要比邮编总数大得多。现今已有的跟身份标识码最相近的就是社会保险号,几种机构利用它们来证明我们的身份。这些机构将他们的数据与该号码匹配,这对于公民自由团体来说是一种警示。NA 123456 Z就是一个社会保险号,它包含六个数字和三个字母。和前面一样,我们极易算出在这种构成模式下,总共可以有多少个不同的社会保险号:26×26×10×10×10×10×10×10×26＝17 576 000 000,即175亿7600万,这个数字很大,远大于现今英国的人口总数(甚至比预计的2050年达到7500万人口数还大)。事实上,当今世界人口总数预计2050年会达到90亿。所以,还有很多很多的数字和字母可以使用。

# 让钱翻倍

投资价值有涨有跌。

——英国消费者金融咨询

近来你可能发现,投资价值要么猛涨,要么暴跌。要想求稳,可以直接把现金存进储蓄账户中,这种利率是固定的或是缓慢变化的,这样要多长时间才能让投资的钱翻倍呢? 尽管世界上除了死亡和税收,没有什么不可以避免,但我们现在要忘掉它,找一种简便实用的方法算算让钱翻倍需要多久。

首先,在年利率为 $r$(年利率为 $5\%$ 就表示 $r = 0.05$)的储蓄账户中存入本金 $A$,一年之后本息总和就是 $A \times (1 + r)$,两年之后为 $A \times (1 + r)^2$,三年之后为 $A \times (1 + r)^3$,如此类推。当 $(1 + r)^n = 2$ 时,本息之和就达到最初本金的两倍 $(2A)$ 了。对等式两边取自然对数,已知 $\ln 2 \approx 0.69$,则当 $r$(在当今的英国通常都是 $0.05$—$0.06$)比 $1$ 小很多,$\ln(1 + r) \approx r$ 时,投资翻倍所需年份为 $n = 0.69/r$。将 $0.69$ 取近似值 $0.7$,将 $r$ 记作 $R\%$,则 $R = 100r$,那么我们就得到一个简便的公式:$n = 70/R$。[12] 照此公式,如果利率为 $7\%$,我们需要 $10$ 年就能让自己的钱加倍,而如果利率降至 $3.5\%$,则需要 $20$ 年。

# 脸的遐想

一眨眼的工夫，爱丽丝已经穿过了玻璃，轻快地跳到镜子房间里了。

——卡罗尔(Lewis Carroll)，《爱丽丝漫游奇境》(*Alice in Wonderland*)

　　除了在镜子里面，我们没有谁能看到自己的脸。那么镜中的样子是真的吗？我们来做一个简单的实验：在浴室的镜子布满水汽之后，在镜面上绕着脸的边缘画个圈。用手指比划它的直径，再跟自己的脸的实际尺寸相比。通常会发现，镜中脸像的大小刚好是脸实际大小的一半，不管我们离镜子有多远，结果总是如此。

　　这多奇怪啊。我们每天刮胡子或梳头，早已习惯了自己在镜子中的形象，已经感觉不到现实和镜像之间较大的区别了。此现象中的光学原理并不神奇。平面镜成虚像，虚像和平面镜之间的距离与我们自己和平面镜的距离相等。因此，镜子正处于人和虚像的正中间。当然，光线不会穿透镜子在镜子后面成像，图像只是看上去像是处于那个位置。当我们朝一面平面镜走去时，镜中的像似乎在以两倍的速度走向我们。

　　关于平面镜成像还有一个奇特之处，就是它"改变了"我们使用左右手的习惯。用右手握牙刷时，镜中的像却是用左手。镜中成像虽然会左右相反，但不会上下颠倒:手持一面小镜子,看着镜子,将镜子顺时针旋转90°,你会发现镜中的自己仍然没变。

拿一片透明薄片,在上面写几个字,看看会发生什么。将其背着镜子拿起来,我们从镜中看到的字并没有颠倒。如果换用一张纸,我们就看不到上面的字,因为它不是透明的。即使我们站在非透明物体的正面前,镜子也能让我们看到该物体的背面,但要想看物体的正面,我们就要将其绕纵轴旋转,让其正对镜面,这样左右就调换了。物体的这种改变就造成了镜中成的像左右相反的结果。如果我们沿着横轴对着镜子翻动书页,那么它在镜中成的像就是上下颠倒的,因为它确实被上下颠倒了,而没有左右颠倒。没有镜子时就没有这种效果,因为我们只能看见眼前物体的正面,将该物体翻转之后,我们也只能看见其背面。书上的字左右颠倒是因为我们将其沿纵轴方向翻转并使其朝向镜子,而如果将其沿横轴上下翻转,镜中像就会上下颠倒。

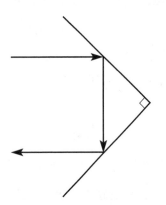

**图48.1　L形平面镜成像的光路图**

故事到这里还没结束。如果用两面平面镜,还会有更有趣的事情发生(这对于魔术师来说真是司空见惯了)。可以将一面试衣镜和一面可调节的后视镜放在合适的角度形成L形,朝L的对角处看看吧,如图48.1所示。

看看镜中的自己,再看看这对镜页,你会发现镜中的像没有左右互换。我们用右手拿牙刷时,镜中的自己也是右手拿着牙刷。实际上,如果真对着这样两个镜子刮胡子或梳头会很奇怪,因为人的大脑自动进行了左右转换。如果慢慢减小两面镜子之间的角度,在减到60°时就有怪事发生了。镜中的像跟平面镜成的像一样是左右相反的。两面镜子之间60°的倾角使得射入镜子的光线原路返回,且镜中的虚像跟在单独一面平面镜中看到的相同,如图48.2所示。

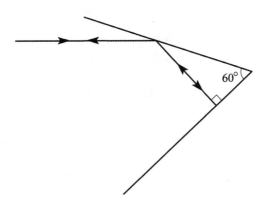

**图48.2 成60°角的两块平面镜成像的光路图**

# 臭名昭著
# 的数学家

他是犯罪界的拿破仑。伦敦城中的犯罪活动有一半是他组织的。他是一个奇才、哲学家、深奥的思想家。他有人类第一流的头脑。

——福尔摩斯于《最后一案》(*The Final Problem*)

公众曾经一度认为(现在仍然如此)那些最知名的数学家就像虚构的人物。詹姆斯·莫里亚蒂(James Moriarty)教授是柯南·道尔(Arthur Conan Doyle)笔下福尔摩斯(Sherlock Holmes)侦探故事中的重要配角。这位"犯罪界的拿破仑"是福尔摩斯的强劲对手,要拆穿他精明的圈套,常常需要福尔摩斯的哥哥米克罗夫特(My-croft Holmes)的聪明才智。莫里亚蒂只在《最后一案》和《恐怖谷》两个故事中真正露过面,但常常是幕后黑手。比如,在《红发会》中,他精心策划了一场天衣无缝的骗局,帮助以约翰·克雷(John Clay)为首的同伙们从银行附近当铺的地下室挖通往银行金库的地道。从福尔摩斯对他的描述中,我们对于莫里亚蒂的职业多少有些了解。福尔摩斯说:

图49.1　莫里亚蒂教授

他出身良家,受过极好的教育,有非凡的数学天赋。他 21 岁时就撰写了一篇关于二项式定理的论文,曾经在欧洲风行一时。借此机会,他在我们的一些小学院里获得了数学教授的职位,显然,他的前程也是光辉灿烂的。

可是这个人秉承了他先世的极为凶恶的本性。他血液中流淌的犯罪血缘不仅没有减轻,反而由于他非凡的才智变本加厉,更具有无限的危险性。大学里也流传着他的一些劣迹,他被迫辞去了教授职务,流落到伦敦……

后来,在《恐怖谷》中,福尔摩斯透露了莫里亚蒂的学术生涯和多才多艺。虽然他的早期工作是主攻数学级数问题,但 24 年后我们发现他活跃在动力天文学的高端研究领域:

他不就是《小行星力学》这部书的驰名作者吗?这本书达到了纯数学罕有的高度,据说科学界中没有人能对它提出批评。

柯南·道尔在交代这些故事背景时,慎重引用了真实的事件和地点,我们很容易就能猜出坏人莫里亚蒂教授的真正原型。原型首选就是亚当·沃斯(Adam Worth,1844—1902),他是一名德国人,早年在美国度过,是一名大胆而狡猾的特殊罪犯。实际上,当时伦敦警察厅的一名侦探安德森(Robert Anderson)曾将其称作"犯罪界的拿破仑"。以小偷小摸出道的沃斯最终组织了纽约市的抢劫案。他被捕入狱,但很快获释并重操旧业,将其作案范围扩大至银行抢劫,以及挖地道解救被关押在怀特普莱恩斯监狱里的撬窃保险箱的盗贼布拉德(Charley Bullard)。读过《红发会》的人都知道,1869 年 11 月,在布拉德的帮助下,沃斯从邻近的一家商店下挖地道进入银行金库,抢劫了博伊尔斯顿国家银行。为了摆脱平克顿密探的追捕,沃斯和布拉德逃到了英格兰,并迅速作案,随后在 1871 年转移到巴黎继续作案。沃斯在英格兰买了几件重要道具,并建立了一个遍布各地的犯罪网络,以保证自己每次抢劫都能顺利得手。追捕他的那些密探根本不知道他的名字(他经常用假名亨利·雷蒙德),但令密探们惊奇的是,沃斯团伙在作案时从不使用暴力。最后,沃斯在探望狱中的布拉德时被抓,被判 7 年有期徒刑,关押在比利时的勒芬,但最终因为狱中表现良好于 1897 前被提前释放。一出狱,他就开始偷盗珠宝来维持自己的正常生活。后来,在芝加哥平克顿侦查局的协助下,他以 25 000 美元"酬金"为筹码,将油画《德文郡公爵夫人》返还给伦敦的阿格纽父子美术馆。之后,沃斯回到伦敦和全家生活在一起,直到 1902 年去世。在伦敦北郊的海格特墓地,亨利·J. 雷蒙德的墓碑下埋藏的就是他。

实际上,沃斯是在 1876 年从阿格纽伦敦美术馆偷走盖恩斯伯勒的乔治安娜·斯宾塞(一位大美女,好像是戴安娜王妃斯宾塞家族的亲戚)的这张画作①,并随身携带多年,一直没有卖掉。正是这些重要线索,让我们确信詹姆斯·莫里亚蒂教授和亚当·沃斯就是同一人。

在《恐怖谷》中,警察在莫里亚蒂的房中审问他时,挂在墙上的就是一幅阿格纽美术馆丢失的油画"Lajeune a l'agneau",这是一个双关,没有人能证明沃斯偷过这张画。不过,据我所知,沃斯从未写过关于二项式定理的论文,更没有任何动力天文学的专著。

---

① 该油画现保存于华盛顿的国家美术馆。——原注

# 过山车与
# 高速路口

消长交替。

——无名氏

你坐过环状过山车吗？它带着我们进入环道，飚上顶峰又俯冲而下。你或许以为这种弯曲的轨道就是圆弧，但事实并非如此。如果乘客的速度足够大，在到达最高点时就不会从车厢中掉出来（或仅用安全带护着就不会掉下来），然后在回到底部的过程中，乘客的重力加速度会非常大。

我们来看看，如图 50.1 所示，如果过山车的环道是半径为 $r$ 的圆形，而满载的车厢质量为 $m$，会出现什么情况。车厢会在地面以上高度为 $h$（大于 $r$）处慢慢启动，然后俯冲至环道底部。如果我们忽略车子运动过程中的所有摩擦和空气阻力，那它到达环道最低点时的速度为 $v_b = \sqrt{2gh}$，接着它又会冲向环道顶部，设到达最高点时的速度为 $v_t$，则要克服重力升至垂直高度为 $2r$ 的顶部所需总能量为 $2mgr + mv_t^2/2$。因为运动的总能量既不会产生又不会消失，就有 $gh = v_b^2/2 = 2gr + v_t^2/2$（等式各项中车厢的质量 $m$ 消掉了）。

在圆环的最高点，将乘客向上推并防止他掉下车厢的净作用力，等于在半径为 $r$ 的圆周上运动的离心力减去向下的重力；因此，如果乘客质量为 $M$，则向上

119

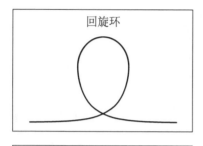

回旋环

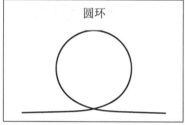

圆环

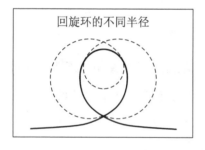

回旋环的不同半径

**图 50.1　环状过山车示意图**

的净作用力 $= Mv_t^2/r - Mg$。要防止人掉下来,结果应该为正数,所以有 $v_t^2 > gr$。

将其代入上面的等式,便有 $h > 2.5r$。因此,在从起点处出发时车厢只受重力的情况下,起点的高度必须为环道顶点高度的 2.5 倍,才能在抵达最高点时有足够大的速度不会使人从座位上掉下来,但是这又会导致一个很要紧的问题。如果从那么高的位置开始,到达环道最低点时速度就是 $v_b = \sqrt{2gh}$,比 $\sqrt{2g(2.5r)} = \sqrt{5gr}$ 要大。因此,当运动至圆弧形轨道的最低点时,乘客会感受到一个向下的力,它等于重力和圆周运动离心力之和,因此向下的净作用力 $= (Mg + Mv_b^2/r) > (Mg + 5Mg) = 6Mg$。在这种情况下,乘客在环道最低点时受到的向下的净作用力会超过 6 倍的重力(加速度为 $6g$)。除了下班的宇航员或穿着抗压衣的高性能飞机的飞行员,大多数乘客在此作用力下一定会因大脑缺氧而昏迷过去。因此,通常在露天游乐场中,儿童一定要保持加速度小于 $2g$,成人则小于 $4g$。

在这种模式下,乘坐圆环过山车是完全不现实的。我们再仔细看看这两个限制条件——在最高点时要有足够的向上作用力,以免掉下来;在最低点时又要避免致命的向下作用力——那么,能不能将过山车变换一种形状,让其满足这两个限制条件呢?

以速度 $v$ 在半径为 $r$ 的圆周中运动时,离心加速度为 $v^2/r$。圆周半径越大,

图 50.2　环状过山车实景图

弯曲程度越平缓,加速度就越小。在过山车上,正是在最高点的加速度 $v_t^2/r$ 避免了我们掉下来,它抵消了向下作用的重力 $Mg$,因此我们希望它较大,即环道顶部的半径 $r$ 要小;另一方面,在最低点时,另外产生了 $5g$ 的加速度,所以要用半径较大、弯曲度较小的轨道以减小这个加速度。要达到这种效果,可以将过山车做成高度大于宽度的形状,这样它看上去就像是由两个圆周各取一半而构成,其中上半个圆周的半径小于下半个圆周。跟这种弧线最相近的是"回旋曲线",其弯曲程度随着移动的距离而减小。1976 年,德国工程师斯坦格尔(Werner Stengel)在为加利福尼亚的六旗魔法山游乐园设计"巡游"环道时,首度将其引入过山车的设计中。

回旋曲线还有一个很棒的特点使其能够运用于错综复杂的交叉路口或铁轨。驱车沿着这种弯曲公路行驶时,只要你保持匀速行进,方向盘就能匀速转动。如果弯道是另外一种形状,你就要不断调整方向盘的转动速率或车子的行驶速度。

# 原子弹爆炸

我不知道第三次世界大战中用什么武器作战,但我知道第四次世界大战用的武器是棍棒和石头。

——爱因斯坦

1945 年 7 月 16 日,世界上第一颗原子弹在美国新墨西哥州洛斯阿拉莫斯南部约 340 千米处的"三位一体"试验场成功引爆。它是人类历史的分水岭。原子弹的诞生赋予了人类毁灭全人类生命和造成恒久致命后果的能力。随后,美国和苏联为了证明自己能够制造摧毁能力更强的炸弹,展开了一场军备竞赛,于是原子弹的威力不断升级。虽然只有两枚原子弹曾被用于战斗中[1],但当时的核试验在空中、地面、地下和水下造成的严重的生态和医学后果依然存在。

这些爆炸留下了很多拍摄记录,巨大的火球升起和漫天遍地的废墟残骸就是这场核战争的惨痛后果。人们熟悉的蘑菇云[2](如图 51.1 所示)的形成是有

---

[1] 投放在日本广岛代号为"小男孩"的原子弹是一枚重 60 千克的铀 235 裂变炸弹,它的威力相当于 1.3 万吨 TNT 炸药,导致近 8 万人死亡;投放在长崎代号为"小胖子"的原子弹是一枚重 6.4 千克的钚 239 裂变炸弹,相当于 2.1 万吨 TNT 炸药,导致 7 万人死亡。——原注

[2] 在 1950 年代,"蘑菇云"已经司空见惯,但将炸弹碎片的形状比作"蘑菇"至少要追溯到 1937 年的新闻头条。——原注

原因的:原子弹和核弹通常是在地面上空爆炸(以便使四面八方的冲击波都能达到最大效果),在地面附近产生巨大的压力,从而产生了大量密度较低的热气。就像沸水中升起的气泡,这些热气加速进入上方稠密的空气,就在气浪边缘形成了向下弯曲的漩涡,而无数的残骸和烟雾从中心呈圆柱状上升。爆炸中心的物质被汽化并升温至几千万摄氏度,放射出大量 X 射线,这些 X 射线与上方空气中的原子和分子接触并释放能量,产生了一阵白光,白光的持续时间取决于最初的爆炸强度。能量在上升过程中,像龙卷风一样旋转,不断从地面吸入东西,从而形成了不断"长粗长高"的蘑菇状菌柄;在随后的弥散过程中,其浓度不断减小,最终和上方的空气密度相同,于是就停止上升而开始向四周散开,从地面吸上去的所有东西都落回地面,并在散落的过程中产生了大量的辐射微尘。

普通的 TNT 炸药或其他非核武器在爆炸时,情形大不相同,因为纯化学爆炸之初的温度较低,结果就形成了混乱的爆炸气体,而不像伞状的有整齐菌柄的蘑菇云。

在研究大型爆炸的形状和特征的先驱中,剑桥大学数学家泰勒(Geoffrey Taylor)就是杰出的一位。泰勒在 1941 年 6 月写了一篇报告,就原子弹爆炸的可能特征做了分类。在美国《生活》杂志刊登了 1945 年新墨西哥州"三位一体"原子弹引爆试验的一系列照片后,他开始被更多人熟知。当时,此次试验以及美国其他的原子弹爆炸产生的能量依然是绝密的,但泰勒在观察了照片后向我们展示,他(和任何有简单数学知识的人)可以用短短的几行代数式就能算出一次爆炸所产生的能量。

泰勒能算出在爆炸发生后任意时刻爆炸边缘有多远,这主要取决于两个物理量:爆炸产生的能量以及它所穿过的周围空气的密度。只有一个式子能将具体关系表示出来[13]:

炸弹的能量 = 空气密度 × (离爆炸边缘的距离)$^5$/(已爆炸时间)$^2$

刊登出来的照片显示了不同时刻的爆炸情况,具体时刻都印制在每张照片

图 51.1　原子弹爆炸产生的蘑菇云

旁边,照片下面还标有比例尺,用来测算尺寸和距离。根据第一张照片,泰勒算出在爆炸发生后第 0.006 秒,爆炸的冲击波半径约为 80 米。已知空气密度为 1.2 千克/米$^3$,代入公式就得出释放的能量约为 $10^{14}$ 焦,这相当于 25 000 吨 TNT 炸药释放的能量。可以对照一下,2004 年印度洋大地震释放的能量相当于爆炸 475 000 000 吨 TNT 炸药。

# 请慢走，勿跑

你一眼就能认出北欧人，因为他们走路时行色匆匆，一点都不像平常人那样不紧不慢。

——贝尼多姆(Benidorm)旅游指南

走在繁华城市的大街上，你周围的大部分人走得都差不多快。有些人行色匆匆，还有些可能由于年龄、病弱或鞋不合脚而步履缓慢。走路时，脚有一部分始终与地面接触，当脚蹬离地面时，腿要伸直。其实，这些竞走规则就是走路的典型特征，这样就与跑步区别开来；不遵守这些规则就会被警告或最终失去比赛资格。走路时，人每迈出完整的一步，臀部抬起和落下，重心就沿着一个平缓的拱形移动。因此，如果从地面到臀部的腿长为 $L$，人的加速度就是 $v^2/L$，其方向向上指向移动圆弧的中心，它不可能大于重力加速度（否则我们就飞起来了!），因此，有 $g > v^2/L$，粗略得出正常步行的最大速度为 $\sqrt{gL}$。已知 $g = 10$ 米/秒$^2$，而一般人腿长为 0.9 米，则普通人走路的最大速度为 3 米/秒，估算没错。人们的步行速度的平方根和一般身高的差别不大，人越高，$L$ 就越大，人走路也就越快。

还有另一种方法能解释这个结果：观察那些匆忙赶路的人（或其他两条腿的生物），看看他们从走路到开始奔跑时的速度。$\sqrt{gL}$ 就是不中断与地面接触

（竞走运动员所谓的"腾空"）的行进方式中的最大速度。只要与地面之间有腾空，就能走得更快，最大速度可以达到 $v = \sqrt{2gns}$，其中 $s$ 是蹬离地面时腿伸直和弯曲的长度差，$n$ 是加速到全速所需的步数。

　　竞走运动员的速度远大于 3 米/秒。1500 米竞走的世界纪录保持者是美国人路易斯（Tim Lewis），他于 1988 年以 4.78 米/秒的平均速度创下了 5 分 13.53 秒的纪录。这项比赛现在已很少进行，我们还是看看开始较晚但竞争激烈的 20 千米竞走比赛吧。2007 年 9 月 29 日，俄罗斯竞走运动员卡纳金（Vladimir Kanaykin）以 4.3 米/秒的平均速度创下了 1 小时 17 分 16 秒的纪录。这两个速度都超出了我们估算的 $\sqrt{gL}$，因为竞走运动员行走的效率比我们在路上漫步高得多。他们不会让自己的重心忽上忽下，而是非常灵活地扭动臀部，从而让步长更长，跨步更快。这种运动的高效，再加上极好的健康水平，让运动员能够在较长时间内保持较高的速度。50 千米以上竞走比赛的世界纪录保持者，平均速度要达到 3.8 米/秒以上，因此能够在 3 小时 6 分内走完马拉松全程（42.2 千米）。

# 读心术的把戏

每一个正整数都是拉马努金(Ramanujan)的朋友。

——利特尔伍德(John E. Littlewood)

在 1 到 9 之间取任意一个数字,乘以 9,将这个新数字各位上的数字相加,然后再减去 4,就可以得出一个个位数。之后,将最后得出的这个个位数换成字母:数字 1 对应字母 A,2 对应 B,3 对应 C,4 对应 D,以此类推。现在想象一种以自己选择的字母为开头的动物名,这个动物尽可能强壮,越生动越好。如果看一下本书最后的注释[14],你会发现,我已经读到了你的想法,知道你在想哪种动物了。

这个把戏其实很简单,你应该能想到我为什么能如此准确地猜出你选的动物。其实,这利用了数字的一些简单特性,运用了一点数学知识,此外还运用了心理学,甚至动物学知识。

还有一个小把戏仅用了数字的特性,如数字 1089,你可能已经将其列入自己最喜爱的数字之一了。1089 年,英格兰发生了一场地震;1089 还是一个完全平方数($33 \times 33$);但接下来要讲的才是它最惊人的特性。

选一个三位数,要求各数位上的数字相异(如 153)。将其个位与百位数字

互换,得到第二个数(即351)。然后用这两个数字中较大的减去较小的(351 −
153 = 198;如果只有两位,如23,就在前面加个0,即023),得出第三个数。最后,
将第三个数倒过来写,再加上它本身(198 + 891 = 1089)。无论一开始选哪个
数,经过这些步骤后,得出的结果都是1089![15]

# 骗子横行的星球

你可以蒙骗所有人一时,也可以永远蒙骗一些人,但不可能永远蒙骗所有人。

——林肯(Abraham Lincoln)

人类有一种直觉经过了世世代代社会互动的磨炼,它就是信任。信任建立在判断别人是否在说实话的能力上。不同的环境之间有着明显的差异:一种是,我们通常认为人们是诚实的,除非能证明他不诚实;另外一种是,我们认为人们不诚实,除非能证明他诚实。在不同国家的官场上,我们就能看到这种差别。在英国官场上,我们一般认为人们都是诚实的,但我注意到,在有些国家情况刚好相反,他们认为人们本身不诚实,因此他们的规章制度都建立在"人们不诚实"这一假定条件下。在提出保险索赔时,你就会看到公司在对待客户时采取的是哪种态度。

假设我们在探索宇宙时,与土卫十(土星十颗卫星中最小的一颗)星球上存在的陌生文明发生接触。他们长期以来对政治和商业活动的监管情况表明,公民说真话的概率为1/4,而说谎的概率为3/4。尽管这种估测结果让人忧心,我们还是决定去拜访一下,并受到了他们执政党领导人的接见,他们极好地表达了自己的善意。接着,在野党领导人站起来说领袖的话千真万确。那么,执政党领导人的话有多大可能是真的呢?

现在,在在野党领导人承认执政党领导人讲了真话的情况下,我们要算出执政党领导人讲真话的概率,即执政党领导人和在野党领导人都讲了真话的概率除以在野党领导人说真话的概率。其中,他们两人都讲了真话的概率为(1/4)×(1/4)=1/16。在野党领导人讲真话的概率为两个概率的总和:第一个是执政党领导人和他都讲了真话的概率,即(1/4)×(1/4)=1/16;另一个是执政党领导人和他都在撒谎,概率为(3/4)×(3/4)=9/16。因此,执政党领导人讲真话的概率只有(1/16)÷(10/16)=1/10。[16]

# 如何中彩

彩票即征税，天下蠢人莫可避；谢天谢地，钱来得容易。

——菲尔丁（Henry Fielding）

英国的彩票体制很简单：花 1 英镑从 1,2,3,…,48,49 中选出 6 个不同的数字。选号机从 49 个有编号的球中随机选择 6 个球,如果你的彩票上有 3 个或 3 个以上的数字与选号机抽出的号码相同,你就中彩了。抽取过的球不会再放回机器中。你的彩票上与之相同的号码越多,你中的奖就越大。除了这 6 个常规球,还会取出一个"幸运球",它只对已有 5 个号码相同的持票人有效。如果他们选中的数也与幸运球相同,那么他们就比只有 5 个号码相同的人中的奖更大。

假设选号机①随机选择开奖号码,从 49 个号码中刚好选中这 6 个号码的概率是多少呢？ 每个球的选取都是独立事件,除了会减少可供选择的球的总数,对

---

① 严格说来,总共有 12 台选号机(每台都有名字)和 8 套号码球用于在电视上直播抽奖,每次抽奖所用的选号机和球就是从其中随机选择的。自彩票问世以来,这一点就被对抽取结果进行统计分析的人忽略掉了。如果结果总是偏向某一组号码,就会变成非随机事件,最可能的原因就是某台机器或某套球较为特殊,因此,分别对每台选号机和每套球都做统计研究是很重要的。让所有选号机和球的被选择机会平均,就不会存在这种偏差了。——原注

下一次选取没有任何影响。因此,从 49 个号码中选中 6 个开奖号中第一个的概率为 6/49,从剩下的 48 个球中选中剩下 5 个开奖号中第二个的概率为 5/48,从 47 个球中选中第三个中奖号的概率为 4/47,以此类推,剩下的三种概率分别为 3/46、2/45 和 1/44。因此,独立选中全部 6 个号码,一举中头彩的概率为:

$(6/49) \times (5/48) \times (4/47) \times (3/46) \times (2/45) \times (1/44) = 720/10\,068\,347\,520$,

化简后结果为 1/13 983 816,即 13 983 816 人中才有一位中头彩。如果想命中 5 个常规号码和一个幸运号,概率就只有它的 1/6,因此中这份大奖的概率为 $(1/13\,983\,816) \times (1/6)$,即 1/83 902 896。

现在,让我们算算在所有 13 983 816 种抽取可能中,分别有多少种选中 5、4、3、2、1 或 0 个号码的情况[17]:共有 258 种选中 5 个球的情况,其中有 6 种会选中幸运球奖,因此就只剩 252 种;有 13 545 种选中 4 个球的情况;246 820 种选中 3 个球的情况;1 851 150 种选中 2 个球的情况;5 775 588 种选中 1 个球的情况;6 096 454 种选中 0 个球的情况。所以,要算出具体概率,只需用对应情况的总数除以组合的总数。比如,只买一张彩票,选中 5 个号码的概率就是 252/13 983 816,即 1/55 491。以此类推,选中 4 个号码的概率为 1/1032,选中 3 个号码的概率为 1/57。在全部 13 983 816 种抽取可能中,中彩数为 1 + 258 + 13 545 + 246 820 = 260 624,因此,一张彩票的中奖概率为 $(1/13\,983\,816) \times 260\,624$,约为 1/54。如此,一周买一张彩票,外加生日和圣诞节各买一张,你才有可能保本。

计算的结果有些令人灰心。统计学家黑格(John Haigh)指出,跟中了头彩相比,普通人在买一张彩票后一小时之内倒地身亡的可能性更大。一张彩票都不买一定不会中奖,那么买很多彩票就一定会中奖吗?

唯一能够百分之百中奖的办法就是,将所有的彩票全买下来。在全球各种彩票中,有人做过这样的尝试。通常,如果本周的头等大奖没人买中,就自动滚入下周彩票,这样就生成了超级头彩。在这种诱人的情况下,将所有的彩票一举买下也值得了,而且相当合法!美国弗吉尼亚州的彩票跟英国彩票相似,不同的

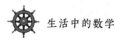

是,它们的6个中奖号码是从44个球中选的,总共有7 059 052种可能结果。当头彩滚动至27 000 000美元时,澳大利亚的赌客曼卓尔(Peter Mandral)觉得稳操胜券,便成功买断了90%的彩票(另外10%由于其团队的意见分歧,最终失之交臂)。他最终赢得了滚动下来的超级头彩,带着花费10 000 000(买彩票和雇人买彩票的所有花销)赚来的合法利润满载而归。

# 不可思议的足球赛

乌龙球是指射进了自家球门的球。看到这种情况,观众的第一反应是"无能"或"蠢透了",但通常还是用"奇了"或"怪了"等形容词来表示。

——《足球词典》(*The Football Lexicon*)

历史上最不可思议的足球赛是哪一场呢?我觉得这场比赛只有一方胜出。那就是在 1994 年举行的加勒比壳牌杯足球赛上,格林纳达队和巴巴多斯队臭名昭著的对决。在最后的淘汰赛之前,还有一轮小组赛。在最后一轮小组赛上,巴巴多斯队至少要比格林纳达队多进两个球才有资格出线。如果巴巴多斯队败了,格林纳达队就将出线。这听起来够清楚了,怎么会出问题呢?

哎,结果谁都没料到。为公平起见,联赛举办方引入了一种新规则,加时赛中踢进"金球"的一方会获胜。因为踢进金球之后,比赛就会结束,在这种情况下,另一方就不能通过多进球扭转局势了,这有失公平。为此,举办方决定,一个金球抵两个进球。但是,看看接下来发生了什么吧。

巴巴多斯队很快以 2∶0 领先,似乎马上就可以出线了。就在比赛结束前 7 分钟时,格林纳达队进了一个球,将比分扳为 2∶1。这时,巴巴多斯队如果再进第三个球那也能胜出,但在剩下的短短几分钟内要进球并不容易,最好能踢进乌龙球让格林纳达队加分,这样就能打成平手。然后在加时赛中还有踢进金球的机会,1个金球可以抵两个进球,这样就能战胜格林纳达队。于是,在比赛的最后3分钟时,巴巴多斯队将球踢进了自己的球门,让比分变成了2:2。而格林纳达队也意识到,如果自己(在任意球门)再进一个球,就可以反败为胜,于是也向自己的球门发起了进攻。然而,巴巴多斯队全力防守格林纳达队的球门,阻止他们得分,最终将比赛拖入加时赛。加时赛阶段,巴巴多斯队疯狂进攻格林纳达队的球门,在前5分钟就踢进了金球。不相信的话,你可以在视频网站上观看!

# 用减法造就拱形

天才就是四分汗水加一分纵观全局的专注力。

——扬努奇(Armando Iannucci)

　　用石头砌成的古老拱形似乎非常神奇。每块石头看上去都是一块块单独放置的,但看上去只有当最后一块压顶石放上去后,才能形成这种完整的结构,没有"差不多"的拱形。那么,拱形是怎么构造出来的呢?

　　这个问题很有趣,因为它的答案就是一部美国"智能设计"观点的回忆录。简单说来,"智能设计"的倡导者选出自然界中存在的一些复杂事物,论证它们只能用那种方式"设计",而不能从较为简单的形式一步一步演变而成;因为在它们出现之前,没有任何前期步骤可循。当然,这有点主观臆断,然而我们的想象力还没有那么丰富,能够想出它们有哪些前期步骤。但问题的根源就像我们的拱形——它结构复杂,看上去不像是在只缺一块石头的简单拱形上添一块就一步到位的。

　　对于拱形,我们陷入了一个很没有想象力的想法,认为所有的结构都是一点一点累加而构造起来的。但其实,有些结构能够通过递减构造出来。假设我们开始有一大堆石头,然后慢慢将它们弄乱,然后再将石堆中心的石头拿掉,直到

图 57.1　海蚀拱

最后剩下一个拱形。从这种角度看,我们就能理解所谓"差不多"的拱形是什么样子,它中间的拱洞部分曾经也被填充。真正的海蚀拱(如图 57.1 所示)就是因为拱洞的中心逐渐被腐蚀,最终留下了外面的拱形。同理,大自然中的复杂事物并非都是累加而成的。

# 哪个数最好用

八正道：正见、正思维、正语、正业、正命、正精进、正念和正定。

——八正道

我们采用十进制计数。十个一成十，十个十成百，十个百成千，以此类推。这就是为什么我们的计数体系叫作"十进制"的原因。它无穷无尽，只要你能给这些数位取足够的名称。对于较大的数，我们有万、十万、百万、千万、亿、十亿等名称，但不一定要将每个都写下来。相反，我们可以用 $10^n$ 这种简单的计法来表示首位是 1，后面全是 0 的数，如 1000 就是 $10^3$。

我们不难发现，计数系统中的十进制起源于我们的手指。在大多数的古代文化中，人们都以某种方式使用手指来计数。因此，就出现了以五（一只手的手指头）、十（两只手的手指头）、20（两只手加两只脚）及其中部分或全部混合而成的计数体系。我们自己的计数体系引出了一段复杂的历史，在这段历史中，不同的计数体系融合为一些新型计数体系，从一些古老的词语中就能看出这些计数法的前身。比如，"一打"表示 12；"score"（由表示剪或切的撒克逊词语 sceran 派生而来）表示 20，此外，它还表示做记号或计数。所有这些都折射出，在那个时代，人们通过在木片上做每 20 个为一组的记号来计数。

尽管在早期文化中十进制已经十分普遍,但还是有例外:在美国中部的印第安社会,人们用八进制计数。你能想象出这是为什么吗? 过去我常常请教一些数学家,看看他们有没有更好的理由。他们大都回答说,8 是一个不错的数,它有很多因数,用起来很方便,比如它可以被 2 和 4 整除,这样你就可以将东西分成四等份,而不需要引入新的数的类型,即我们现在所谓的分数。尽管如此,我还是听到了正确的答案,而且是唯一的一次。当时我问了一群 8 岁的孩子同样的问题,其中一个小女孩马上给出了答案,她说那是因为他们数的是自己手指之间的缝隙。如果你用手指夹着东西,比如线或片状的材料,很自然就会用这种方式去数。八进制的前身也是手指计数。

# 如何获得授权

在过去,民主是个好东西。可现在,它落入了坏人的手中。

——赫尔姆斯(Jesse Helms)

政治家习惯于僭越职权。比如在出台一些政策之前,会先将其在每个选区公示出来。事实上,即便你的方案获得的选票总数最多,它也不能表示大多数的选民都支持你的政策,从而全盘否定对手的方案。但是,如果你最终险胜,将会获得哪些授权呢?

为简单起见,设定有两位候选人(或党派)参加竞选。假设胜方获得 $W$ 张投票,而败方获得 $L$ 张投票,那么总共的有效票数为 $W+L$。在任何有效数为 $W+L$ 的此类事件中,随机统计"误差"为 $W+L$ 的平方根。因此,如果 $W+L=100$,则有 $\pm10$ 的统计误差。为了使选举中获胜方相信他们不是因为整个选举过程(发放、计算和整理选票)中变化较大的随机波动而险胜,我们需要让胜败票的差额大于随机波动范围,即 $W-L>\sqrt{W+L}$。如果发放了 100 张选票,那么输赢差额应该大于 10 票,这样才有说服力。例如,在 2000 年美国总统大选中①,布什获得 271 张选举人票,而戈尔获得 266 票,仅 5 票之差,远远小于 271 + 266 的平方根(约 23)。

还有一个例子更为有趣。据说,伟大的意大利高能物理学家费米(Enrico Fermi)不仅是制造第一颗原子弹的大功臣,还是一名优秀的网球选手。在一次网球比赛中以 4:6 败北后,他回应说,这次失败的统计学意义不大,因为比分差距小于比赛总场次的平方根!

假设你在选举中获胜,并且输赢比数很大,足以抵消单纯的相关随机误差,那你觉得支持自己的大多数具体为多少,才能证明自己是真的被选民"授权"实施方案的呢? 一个有趣的建议就是,要求胜方获得的票数占全部选票的比 $W/(W+L)$ 大于败方票数与胜方票数之比 $L/W$。这个"黄金"授权条件即 $W/(W+L) > L/W$,这就要求 $W/L > (1+\sqrt{5})/2 = 1.618$,这就是著名的"黄金分割比例"。也就是说,需要 $W/(W+L)$ 大于两党总共发放的选票的 8/13 或 61.5%。在英国上一届大选中,工党获得了 412 票,而保守党只有 166 票,因此工党票数占总票数 578 的 71.3%。作为对比,在 2004 年的美国大选中,布什获 286 票,克里获 251 票。因此,布什的票数只占总选票的 53.3%,少于所需的"黄金"授权。

---

① 单纯从统计学角度来看,此次选举有很多疑点。在关键的佛罗里达州投票中,重新统计的选票结果十分可疑。重新检查选票时,戈尔又多出了 2200 票,而布什仅多出 700 票。人们可能认为投给两位候选人的选票模糊度是相同的,而在重新检查时,这新一轮投票结果显示出极大的不对称性。这表明在第一轮计票和第二轮计票中,都存在非随机性。——原注

# 成败无定论

然而,有许多在前的,将要在后;在后的,将要在前。

——《马太福音》

1981 年,英格兰足联对联赛的比赛方式作了一个重要变动,以便让攻球得分更多。他们将过去的获胜方得两分改为得三分,而平局仍然只得一分。很快,其他国家也如法炮制,现在它已经成为全世界足球联赛的得分规则。仔细看看这个规则对没有赢得比赛的那支队伍最终的成败有什么影响吧。在赢得一场比赛只得两分的时代,很容易在 42 场比赛之后拿到 60 分就成为冠军,这样通过场场平局而获得 42 分的球队在联赛的上半场就可以退场了。比如,1955 年,切尔西队以有史以来的最低得分 52 分获得了第一赛区的冠军。今天,每赢一场得三分,冠军队就需要在 38 场比赛中拿 90 分,而全都平局的一方将会发现他们的 42 分只不过比底线高出了三四分,他们还得继续作战,以免被逐出局。

记住这些变动,让我们假设只是在足球赛季的最后一天终场哨声响起后,足球高层才决定改变得分体制。而在整个赛季中,他们一直是以获胜一场得两分、平局一场得一分的规则进行的。现在的联赛中总共有 13 支球队,每支球队跟其他球队各比一场,因此各队都要打 12 场。全明星队赢了 5 场,输了 7 场,很显然,所有其他球队之间都是平局。因此,全明星队总共得 10 分。而其他球队在 11 场平局中得 11 分,其中有 7 支球队各赢全明星队一场,另外得 2 分;还有 5 支输给了全明星队,就没有另外得分。因此,最后结果为,7 支队伍得 14 分,5 支队伍得 12 分,他们的得分全都比全明星队高。这样一来,全明星队发现自己正在比赛名次表的最后作垂死挣扎。

正当心灰意冷的全明星队员在自己的终场比赛结束后,想着自己倒数第一的成绩以及所面临被淘汰的危险和可能的经济损失,沮丧地回到更衣室时,突然传来消息说,联赛高层刚刚通过一个新的得分规则,并将其用于本赛季之前的所有比赛中:为了奖励攻球,赢一场比赛得 3 分,平局得 1 分。全明星队员们赶快开始重新计算,他们现在 5 胜即可得 15 分。其他球队在 11 场平局中仍然得 11 分,但现在各赢了自己一场的 7 支球队只能各得 3 分,而输给自己的 5 支球队一分都没有。结果,所有其他球队要么得 11 分,要么得 13 分,而得了 15 分的全明星队现在就成了冠军!

# 无 中 生 有

错误是个好东西,越多越好。错误使人进步。我们要相信错误,因为它们并不危险,也不会太严重。从不犯错的人最终会落在悬崖上,这很糟糕。这种随时可能坠落的人是个麻烦,他们说不准就砸在了你身上。

——丘奇(James Church)

如果你曾用过幻灯片等电脑程序包作过演讲或"展示",那你可能会发现它的一个缺点,尤其对于教育工作者来说。演讲结束后,通常为观众主要针对讲话内容的提问时间。以往的经验表明,要回答这样的问题通常用写写画画的办法更为简便和直接。如果面前有黑板或投影仪,再有几张醋酸纤维素纸和一支笔,想画什么图就随你了。然而,如果仅仅只有一台普通的笔记本电脑,你就有点卡壳了。你不能边讲边"画",除非有一台平板电脑。这些状况说明,在解释事物时我们多么依赖图片,它们比话语更直白,它们是模拟,而不是数字。

一些数学家对图画有所怀疑。他们认为图画带有绘图者自己意识不到的偏差,所以他们不喜欢借助图画来作证据。事实上,大多数数学家刚好相反,他们喜欢图画,而且将其视作展示真实面的重要向导,这是主流观点。那我们来看一些会让少数派高兴的东西吧:假设你家 8 米 ×8 米的地板价值不菲,它由四块组成,如图 60.1 所示,为两个直角三角形和两个直角梯形。

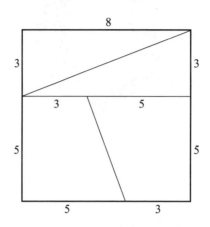

图 60.1　正方形地板示意图

很显然,正方形的总面积为 8 米 × 8 米 = 64 米²。现在,我们将尺寸固定的四小块地板换一种方式拼出来。这次就成了矩形,如图 60.2 所示。

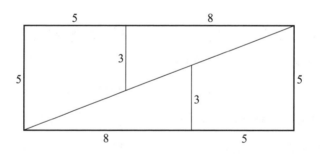

图 60.2　矩形地板示意图

神奇的事情发生了:这个新的矩形地板有多大面积呢? 它有 13 米 × 5 米 = 65 米²。[18] 平白无故多出了 1 米² 的地板,这简直是无中生有! 究竟是怎么回事? 将这几块地板分开再试试看。

# 如何操纵选举

下一次选举时,我来当你们的顾问吧,告诉我你们想让谁赢。在跟这些选民谈话之后,我会设计一个"民主程序",保准让你们的候选人获胜。

——萨里(Donald Saari)[19]

我们在第 14 篇中已经知道,选举其实蹊跷百出。有很多种方法可以统计选票,一不小心,就会出现候选人 A 比 B 得票多,B 比 C 票多,最后 C 赢了 A 的情况。这不是我们想要的结果。有时我们发现,在进行几轮筛选投票时,最弱的那位在每个阶段都被远远抛在后面,而在下一轮投票时将是另一位候选人排在最后。

即使你没有参加一些正式选举,你也会讶异于自己一天到晚作了多少选择。要看哪部电影?看哪个电视频道?去哪儿度假?买哪个牌子的冰箱最好?如果和别人一起商量这些问题,各人都有不同的答案,而人们就像真的在进行一场又一场的"选举"——选出自己偏爱的——而最终作出的选择就像获胜的"候选人"。只是,这些决定不是由多方投票选出的,而是一个非常随意的过程。有人提议看这部电影,而另一位建议看另外一部,因为它是新出的。然后又有人说话了,这部新片子太暴力了,我们应该换一部,就看××吧。可另一个人说自己已经看过××了,没办法,还是看第一部吧。又有人觉得第一部少儿不宜,就又说了一部。现在大家都倦了,不想再争了,就一致同意看最后这一部。这个过程很有趣。一种选择击败了另一种,此过程循环往复,就像锦标赛中一轮又一轮的比赛一样。他们从不会将这些电影综合起来考虑,看看它们都有些什么共性,然后再投票定夺。因而,这种商议的结果在很大程度上取决于人们将一部一部电影进行比较的顺序。改变讨论电影的顺序,以及改变拿来比较电影特点的顺序,最终结果(即胜出者)会截然不同。

选举也是同样的道理。假设让 30 个人从 8 名候选人(A,B,C,D,E,F,G 和 H)中选出一位领导。"选民"分成三组,每组分别有自己的偏向,顺序如下:

第一组:A  B  C  D  E  F  G  H

第二组:B  C  D  E  F  G  H  A

第三组:C  D  E  F  G  H  A  B

如果仅看排名的前三位,乍一看好像 C 是所有候选人中最被看好的一位,但 H 的母亲非常希望自己的孩子能当上领导,就过来问我们能不能让 H 稳当获胜。这看上去希望渺茫,因为在优先级排名中,H 分别排在最后、倒数第二和倒数第三位,要让 H 成为领导几乎是不可能的事。我们跟这位母亲解释说,一切都得按规矩来,不能有欺瞒行为。因此,现在的问题就是要找到一种选举制度,好让 H 胜出。

要帮助这位母亲,我们需要进行一场锦标赛式的选举,利用上述名单中的三组排名,两两对比,最后筛选出获胜者。首先,比较排名靠后的 G 和 F,F 以 3:0 获胜。然后将 F 跟 E 比,F 以 0:3 输给 E。E 又以 0:3 输给 D。D 以 0:3 输给 C。C 以 1:2 输给 B。B 以 1:2 输给 A。最后,就只剩下 A 和 H 终极对决了。H 以 2:1 击败 A。这样一来,H 就成了这场"锦标赛"的"冠军",成为真正的新领导。

窍门在哪儿呢?其实,只需确保在早期让强劲的候选人先两两对决,一一淘

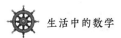

汰，只在最后才让"受保护的"候选人出场，保证他们只用跟自己能够击败的对手进行较量。因此，只要合理安排种子选手的出场顺序，一名持外卡参赛的英国网球选手也能最终在温布尔登国际网球锦标赛上大获全胜。

# 摆钟的节奏

英国的节奏就像摆钟。

——米勒(Roger Miller)

有这样一个故事:在 16 世纪,伟大的意大利科学家伽利略(Galileo Galilei)经常看着挂在比萨大教堂天花板上的枝形青铜大吊灯来回摆动,以消磨时间。这种吊灯的来回摆动,可能是为了散发熏香的芳香,抑或是在降低位置以弥补蜡烛光线的不足。他被这种现象深深吸引。从天花板上垂下来悬着吊灯的绳子很长,所以吊灯就像钟摆一样来回摆动,但是很慢,它来回完整摆动一个周期回到起点的时间颇长。伽利略经过多次观察后发现,吊灯的摆动有些不同:有时只是轻微的摆动,而有时摆动的幅度较大。他注意到很重要的一点:无论吊灯摆动的幅度多大,它完成一次来回摆动所用的时间都相同。用力推它会比轻轻推它摆动得更远些,但摆幅较大时,摆动的速度也大,因此回到起点所花的时间与摆幅较小时所花的时间相同。

这一发现有着深远的意义。① 落地式大摆钟大约一周就要上一次发条。而

---

① 伽利略认为该发现对于吊灯的任何摆动都成立,无论它们的摆幅多大。其实,这不对。对于非常精确的"小"幅度的摆动,它确实成立。科学家们将这种幅度的摆动称为"简谐运动",它描述的是自然界中所有稳定系统在平衡状态被轻微破坏时发生的运动。——原注

伽利略的发现意味着,如果摆钟不走了,推一下就可以让其重新摆动。只要不是太用力,钟摆来回摆动都会花费同样的时间,因此发出的"嘀"声的间隔也会相同。如果不这样,摆钟就会惹人厌烦:为了让摆钟跟它停止时的时间保持一致,你必须将钟摆的摆幅调成跟它停止时一样。实际上,正是伽利略敏锐的观察引出了摆钟的诞生。世界上第一台摆钟由荷兰物理学家惠更斯(Christiaan Huygens)制造于 1650 年代。

最后,还有一个很棒的测试(利用摆钟的节奏),可以测试物理学家的逻辑思维能力是否比直觉强。假设有一个巨大而沉重的摆钟,跟伽利略在教堂中观察的那个吊灯一样。假设你是一位物理学家,站在摆钟的一侧,将整个钟摆拉向自己,直到挨到自己的鼻尖。现在不要施加任何推力,让钟摆自动弹回。它会从你的鼻子处荡开,然后再荡回你的鼻尖处。这时你会退缩吗?应该退缩吗?好吧,答案就是"Yes"和"No"。①

---

① 钟摆荡回来时,不可能达到比起点更高的位置(除非有人碰了它,给它额外施加了力)。在实际操作中,钟摆在克服空气阻力和悬挂点处的摩擦时,会损失一些能量,因此它不会正好返回到起点。这位物理学家十分安全,但通常仍然会退缩避开。——原注

# 方轮自行车

自行车也是一个好伴侣,就像大多数丈夫一样,但是当它变旧变破时,女人可以丢弃它,然后买一辆新的,而整个社会也不会因此而震惊。

——斯特朗(Ann Strong)

你我的自行车轮子一样都是圆的——无论你有一辆还是两辆,它们的轮子都是圆的。然而,你会惊奇地发现,并不一定非得这样。只要行驶的路面合适,你也可以十分平稳地骑着一辆方轮自行车。

圆轮自行车最重要的特征是骑车前进时不会上下颠簸。在平地上骑圆轮车的原理是这样的:自行车沿直线不打滑地前行时,其车体的中心也沿着直线行进。而在平地上骑方轮自行车时,你会上下颠簸。那么,是否存在一种完全不同的路面使得你可以平稳地骑方轮自行车? 我们只需要检查一下是否存在一种路面,其形状可以使方轮自行车沿直线行驶即可。

答案非常让人惊喜。我们可以设计一种使方轮自行车平稳行驶的路面:在离地面同样高度的两个端点间悬挂一条链子。我们在第11篇中曾说到过,这叫作悬链线。如果我们将悬链线倒置,得到的就是世界上许多伟大的拱形建筑所呈现的形状。如果沿着一条直线反复设置这种倒悬链线的拱形,将会得到高度一致的波浪形路面。这就是方轮车可以平稳行驶的路面形状(如图64.1所示)。我们只需要将正方形的四个角相继与路面上的凹处正好相对即可。悬链线的关键性特征是,当多个悬链线连在一起时,两个相邻悬链线边缘最低点组成的角是直角,即 90°,而正方形的四个角也都是直角,如图 64.2 所示。所以直角轮子可以持续转动。①

**图 64.1　方轮车可以平稳行驶的路面形状示意图**

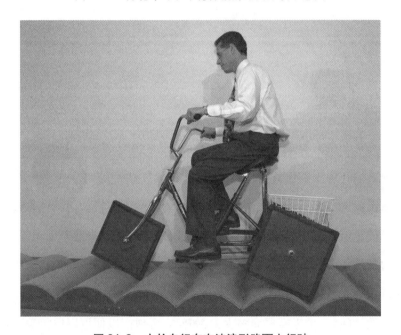

**图 64.2　方轮自行车在波浪形路面上行驶**

---

① 　正方形不是唯一一种可平稳行驶的轮子形状。任何多边形轮子都可以在某种不同的悬链线状道路上行驶。当多边形的边越来越多时,多边形就越来越趋近于圆形,悬链线状的道路就越来越平,越来越像平坦的道路。而三角形轮子是有问题的,因为在它滚入角中撞击后缘半径之前,就已经滚到下一条悬链线。为了避免发生撞击,我们需要一点一点地铺路面。一个滚动的多边形有 $n$ 个等边($n=4$ 即方轮自行车),要自行车可平稳驾驶,悬链线状道路的方程式为:$y = -B\cosh(x/B)$,这里 $B = C\cot(\pi/n)$,其中 $C$ 为常量。——原注

# 美术馆需要
# 多少警卫

谁来守护警卫?

——尤文纳尔(Juvenal)

假设你是一个大型美术馆的警卫头儿。美术馆有许多价值连城的画,挂满了墙壁。它们在墙上的位置很低,以便可平视观赏,但同时也易受盗贼和破坏公物者的攻击。美术馆有各种不同形状和大小的房间。你将如何确保每幅画在任何时间都处于监控之中? 只要你有足够的钱,这个问题解决起来就很简单,让每幅画旁边都站一名值班员,但很少有美术馆拥有大量的金钱,而且富有的捐款人也不愿意拨款来提供警卫和供他们休息的椅子,所以在实际操作中会有困难。这是一个数学问题:最少需要雇多少人,如何安置他们以便可以监控美术馆的所有墙壁?

我们需要知道,监控 $n$ 面墙所需警卫的最少数量。我们假定墙是平直的,且假定警卫的视线没有被遮挡,那么在拐角的警卫就可以看到这两面墙上的所有东西。显然,一个警卫就可以照看一个方形的美术馆。事实上,如果美术馆的形状是一个所有边都向外凸起的凸多边形,那么通常一个警卫就足矣。

当不是所有墙面都向外凸起时,情况就变得有趣多了。如图 65.1 所示的一个美术馆,有 8 个面,只要一名站在 $O$ 角的警卫就能看守。

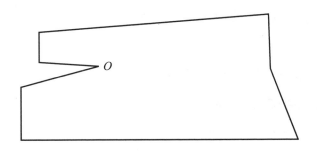

图 65.1　拥有 8 面墙的美术馆

所以,这是一个经济型的美术馆。

下面是另外一个拥有 12 面墙的非常规美术馆,它就没那么有效了,需要 4 名警卫才能看守所有墙壁,如图 65.2 所示。

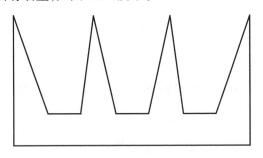

图 65.2　拥有 12 面墙的美术馆

为了解决这个问题,通常我们只要看看如何将美术馆分割成没有重叠角度的几个部分。这是可以办到的。如果多边形有 $S$ 个顶点,就会有 $S-2$ 个三角形。因为三角形也是凸多边形的一种(三边的),只需要一个警卫。我们知道,如果美术馆可以完全被 $T$ 个没有重叠的三角形覆盖,那么它总可以被 $T$ 个警卫守住。也可以使用更少的警卫。例如,我们可以将一个正方形沿对角线分成两个三角形,此时我们不需要两个警卫来看守这四面墙,一个就够了。一般情况下,看守 $W$ 面墙的警卫总人数是 $W/3$。我们的 12 面梳状美术馆最多需要警卫 12/3,即 4 人,一个 8 面美术馆就是 2 人。不幸的是,决定是否使用最大数目的警卫并不容易,这是一个困难的计算机问题(参见第 27 篇)——加一面墙,计算时间就会加倍。

如今,我们参观的美术馆大多没有像上述例子中的那样弯曲和锯齿状的墙,它们的墙都是如图 65.3 所示的直角状。

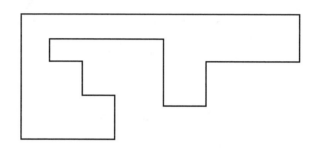

**图 65.3 拥有 14 面墙的美术馆**

如果有一个如图 65.3 所示的直角多边形美术馆,那么在拐角处安排 1/4 × 角数个警卫就足够守卫这个美术馆了。因此,图 65.3 有 14 个角的美术馆只需要 3 个警卫。这说明,美术馆这样的设计可以节约很多工资开支,尤其当美术馆的规模很大时。如果有 150 面墙,非直角设计需要 50 个警卫,而直角设计最多只需要 37 个。

另外一种传统样式的直角美术馆是分为许多小房间,如图 65.4 所示有 10 个房间。在这类例子中,总可以将美术馆分为多个不重叠的矩形。这是一个非常有用的设计,因为如果一名警卫待在两个不同房间的连接处,他就可以同时看守两个房间,但是没有一个警卫可以同时看守三个或三个以上的房间。所以,现在足够并能全面看守美术馆的警卫数量是房间数/2。如图 65.4 所示的美术馆需要 5 名警卫。这是一种非常经济的人力资源分配。

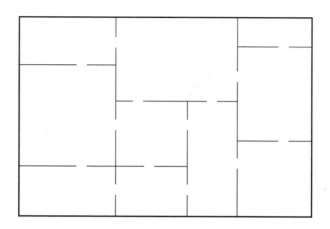

**图 65.4　拥有 10 个房间的美术馆**

　　以上我们所说的是警卫人数,但这样的原理同样适用于电视台摄像机的台数或为了照明走廊和房间所需的灯具数。下次想窃取《蒙娜丽莎》时,你就得预先想好了。

# 监狱需要 多少警卫

在我和罪犯接触的过程中,所有的事实表明,他们的所作所为只是比大家所做的事情极端那么一点点而已。

——卡特(David Carter)

美术馆不是唯一需要看守的建筑。监狱和城堡也需要。不过与美术馆不同的是,它们刚好里外颠倒,需要看守的是外面的院墙。为了看守一个多边形城堡的外墙,需要在角落处安置多少名警卫呢? 这里有一个简单漂亮的答案:总共需要拐角数/2 名警卫。所以,如果有 11 个拐角,就需要 5 名警卫看守外墙。更棒的是,我们知道的是所需要的确切人数,少了不够,多了没必要。在看守美术馆内墙的问题上,我们只知道可能需要的最多人数。

我们可以再考虑一下监狱的直角墙壁,就像在面对美术馆警卫问题一样。如图 66.1 所示,监狱外墙是两个直角形状。

在这些直角的案例中,我们需要在拐角数/4 得到的结果上再加 1,最终就可以得到看守所有外墙所需要的人数,人少了不行,多了也不需要。图 66.1 中的两种监狱都有 12 个拐角,所以我们需要警卫为 1 + 3 = 4 名。

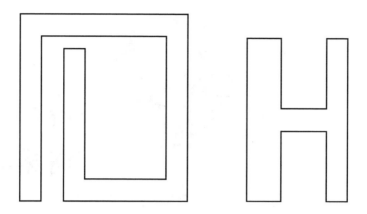

图 66.1　拥有 12 个拐角的监狱

# 教你一招
# 斯诺克球

史蒂夫即将击打粉球了——如果你们是用黑白电视的话,粉球就是绿球旁边那颗了。

——洛(Ted Lowe)

过去,有些父母对自己的孩子将大多数时间拿来玩电脑游戏很是满意,他们认为这样有利于孩子熟悉数学和电脑操作。而我则常常想知道,他们是否觉得在斯诺克台球桌上和台球房中的时光能增长孩子们关于牛顿力学的知识。一些简单的几何学知识绝对可以让你的斯诺克球技给门外汉留下深刻的印象。

假设你想击打某一个球,使它可以在台球桌上跑一周,在台球桌四周的弹性衬里上反弹三次,然后回到它最初的击打点。我们先从简单的情况——正方形桌子——开始。一切很好,很对称,但有一点要注意:你必须将球放在桌子某一边的中点处,然后沿与此边成45°角的方向击球。该球会以相同角度撞上邻边,球走的路线是一个完美的正方形(参见图67.1中的虚线)。

开始时,没有必要把球击到台球桌四周的弹性衬里上。如果在虚线正方形线路上的任何一点击球,让它沿虚线正方形线路的某一边运动,则该球总会回到它的初始位置(只要击球的力度够大)。如果想要使球正好停在击球的位置,就

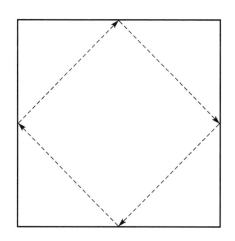

**图 67.1　正方形台球路线**

需要十足的技巧——或者至少要一些练习。

　　不幸的是,我们通常不会碰到一个正方形的斯诺克台球桌。现代的斯诺克台球桌是由两个正方形的桌子拼成的,其完整尺寸为 3.5 米×1.75 米。台球桌有一个重要的共性,即桌子的长度是宽度的两倍。根据这个简单事实,我们可以画出在这种矩形尺寸球桌上如何击球。如图 67.2 所示,图中画了一条对角线作为参照,击球的方向要与对角线平行,击球点的位置把桌边分为 2:1,和桌子的长宽比一样(在正方形桌子的情况中,这个比为 1:1,因此击球点在每个桌边的中点)。这意味着球的路线与桌子的长边所成的角度的正切值为 1/2,角度为 26.57°,球的路线与宽边所成的角就是 90°减去这个角,即 63.43°,因为直角三角形的三个内角相加必须为 180°。这个长方形中的虚线平行四边形表示了球可以回到初始位置的唯一走球路线。

　　如果在一个不标准的桌子上打球,就要重新计算。一般来说,相对于桌子的长边,击球的神奇角度的正切值应等于桌子的宽长之比(1:2 是完整尺寸桌子的比例,1:1 是正方形桌子的比例)。并且,在台球桌弹性衬里上的打击点将桌子长边分成的比例,应当与桌子的宽长比例相同。

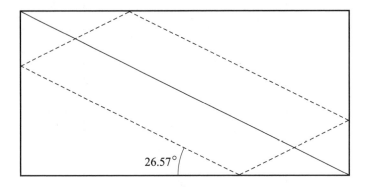

**图 67.2　能使台球回到初始位置的路线**

# 兄 弟 姐 妹

姐妹情谊是一种力量。

——摩根（Robin Morgan）

兄弟姐妹中存在着一种奇怪的、普遍的不对称性。如果有一男一女两个孩子，那么这个男孩有一个姐妹，而女孩没有。如果有三女一男共四个孩子，那么这个男孩有三个姐妹，女孩们相互之间就有三乘以二即六种姐妹身份。每个女孩都只能将除她之外的女孩子作为姐妹，但是那个男孩可以把她们所有人当作姐妹。所以这样看来，男孩的姐妹应该总比女孩的姐妹要多。

这个事情看起来很矛盾。让我们进一步来讨论这个问题。如果一个家庭有 $n$ 个小孩，其中有 $g$ 个女孩和 $n-g$ 个男孩，那么这些男孩子就一共有 $g(n-g)$ 个姐妹，女孩总共有 $g(g-1)$ 个姐妹。这两个数字只有在 $g=(n+1)/2$ 时才相等。如果 $n$ 是偶数，那么这种情况就不会发生，因为 $g$ 不可以是分数。

难题就这样产生了，因为一个家庭的孩子可以有不同的组成方式。一个有三个孩子的家庭可以是三个儿子，三个女儿，两个儿子和一个女儿，或者两个女儿和一个儿子。如果我们假定新生小孩是男孩或女孩的概率相等，都是 1/2（这实际上并不非常准确），那么一个有 $n$ 个孩子的家庭可以有 $2n$ 种不同的组合方式。一个有 $n$ 个孩子,且其中有 $g$ 个女孩的家庭可能有 $C_n^g$ 种组成方式[①],并且每个男孩子会有 $g(n-g)$ 个姐妹。假设一个家庭既有男孩又有女孩,它有 $2n$ 种可能的组成方式,在这里我们会问,在这些有 $n$ 个孩子的家庭里,男孩子们平均拥有的姐妹数是多少。答案就是在 $g$ 取 $0,1,2,\cdots,n$ 的所有情况下,男孩子可以拥有的姐妹数的总和除以 $2^n$。因此有

$$b_n = 2^{-n} \sum_g \left( C_n^g \times g(n-g) \right)$$

同样,一个有 $n$ 个孩子的家庭中,女孩子们的姐妹的平均数为

$$g_n = 2^{-n} \sum_g \left( C_n^g \times g(g-1) \right)$$

这些公式的答案比我们想象的要简单得多。值得一提的是,对于男孩和女孩来说,姐妹的平均数相等,且 $b_n = g_n = n(n-1)/4$。需要注意的是,这只是一个平均数,并不意味着任何家庭都刚好是这个平均数。当 $n=3$ 时,拥有姐妹的平均数是 1.5 个(这个数字对任何一个家庭都是不可能的)。当 $n=4$ 时,拥有姐妹的平均数是 3 个。$n$ 的值越大,这个数字就越接近于 $n/2$ 的平方。表 68.1 所示为有三个孩子的家庭的八种可能。

表 68.1　三孩家庭的姐妹数

| 一家的三个孩子 | 家庭中孩子的组成方式 | 男孩的姐妹数 | 女孩的姐妹数 |
| --- | --- | --- | --- |
| 三个男孩 | 1 | 0 | 0 |
| 两个男孩和一个女孩 | 3 | 2 | 0 |
| 两个女孩和一个男孩 | 3 | 2 | 2 |
| 三个女孩 | 1 | 0 | 6 |

我们可以看出,男孩们的姐妹数为 $3 \times 2 + 3 \times 2 = 12$,女孩们的姐妹数是 $12 =$

---

① $C_n^g$ 是 $n!\,/[g!\,(n-g)!]$ 的缩写,也是在总共 $n$ 种可能性中选出 $g$ 种结果时可能出现的情况数。——原注

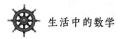

$3 \times 2 + 1 \times 6$。因为组成这种家庭的方式有 8 种,男孩和女孩的姐妹的平均数等于 $12/8 = 1.5$,正如我们的公式 $n \times (n-1)/4$ 预计的一样,当有三个孩子时,此案例的结果为 $n = 3$。

# 硬币偏，结果可不偏

有些不可思议，剑桥居然赢得了投币比赛。

——卡朋特（Harry Carpenter）

  有时候我们需要一枚公平的硬币，这样才可以在两个选择中做到毫无偏差。在许多体育节目的开始，裁判都会投抛硬币，问参赛者选择"正面朝上"还是"反面朝上"。你可以设置一个赌博游戏，记录下投抛硬币的结果。你可以同时使用多枚硬币，从而得出更多的可能性结果。现在假设你手边只有一枚有偏差的硬币：它不能使投抛出"正面朝上"或者"反面朝上"具有相等的概率。或者，也许你只是怀疑对手处心积虑地在所提供的硬币上动了手脚，使得抛掷结果不公平。这时你是否有办法保证投抛硬币时仍然可以得到均等的、没有偏差的结果？

  假设你投抛两次硬币，并且忽略两次结果相同——即如果结果是"正—正"或者"反—反"，那么再次抛掷。结果只有两种可能：先"正"后"反"，或者先"反"后"正"。如果有偏差的硬币"正"的可能性为 $p$，那么"反"的可能性为 $1-p$，所以得到"正—反"的可能性为 $p(1-p)$，得到"反—正"的可能性为 $(1-p)p$。忽略硬币有偏差这种可能性，则这两种可能性相同。要想公平竞争，只能靠重新

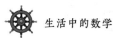 

定义:"正—反"的抛掷结果定义为"正";"反—正"的结果定义为"反"。这样定义的"正"和"反"出现的可能性是相等的,这时你就不需要知道有偏差的硬币"正"的可能性 $p$ 了。①

---

① 这个技巧是伟大的数学家、物理学家、"计算机之父"冯·诺伊曼(John von Neumann)想出来的。在构建计算机算法的过程中,这个技巧得到了广泛的应用。随之而来的一个问题是:是否可以找到一个更高效的方法来定义新的"正"和"反"。我们这里必须剔除所有"正—正"和"反—反"的结果,这种方法太浪费时间。——原注

# 赘述的奇迹

理解现代世界最好的指南,就是假定里斯－莫格勋爵(Lord Ress-Mogg)说的话的反面才是真实的。

——英格拉姆(Richard Ingrams)

"赘述"一词给人一种不好的感受。它意味着无意义,字典中对它的定义为:"对一个想法、陈述或者词语的不必要的重复。"这是一个放之四海而皆准的陈述:所有红色的狗都是狗。但是,认为赘述无用这一想法是错误的。在某种意义上,赘述是真正获得知识的唯一途径。在下面这种情况下,你的生命就依赖于发现赘述。

假设你被锁在一个有两扇门的小房间里,其中一扇门是红的,另一扇门是黑的。在这两扇门中,红色通向死亡,黑色通向安全,但是你不知道哪一扇门通向什么。每扇门的旁边都有一个电话,你可以打给你的顾问,他们会建议你应该走哪扇门才安全。问题是,有一个顾问总是说真话,有一个顾问总是说假话,但是你不知道跟你说话的是哪一个顾问。你可以提一个问题。你该提什么问题呢?

你可以问最简单的问题:"我应该走哪个门?"说真话的顾问会告诉你从黑门走,但是因为你不知道电话那头的两个顾问中哪一个才是说真话的,所以这个

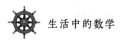

问题没法帮助你。这样做无异于你随便猜测是走红门还是黑门。因此,在这种情况下,"我应该走哪个门"不是赘述。这个问题可以有不同的答案。

假设你换一个问题问:"另外一个顾问会告诉我走哪个门?"现在的情况更加有趣了。说真话的顾问知道说假话的顾问会告诉你走该死的红门,所以说真话的顾问的答案是红门。说假话的顾问知道说真话的顾问会告诉你黑色的门通向安全,所以说假话的顾问会试图欺骗你说是红门。

这样你就找到了求生的出路。无论谁回答你的问题,你都会被告知走红门。原来你遇上了一个赘述问题——它的答案总是相同的——这就是你的救生索。这样,你安全逃生的战略就一清二楚了——问:"另外一个顾问会告诉我走哪个门?"记住答案(红色),然后走另外一个门(黑色)就安全了。

# 神奇的球拍

从来没有人因速度丧命,危险的是突然静止下来。

——克拉克森(Jeremy Clarkson)

有些东西很难移动。很多人在这个问题中只想到了质量。负载越重,移动越难,但是在尝试移动各种不同的负载时,我们很快就会发现,负载物的集中度极为重要。质量越集中,东西越容易移动,移动也就越快(回想一下我们在第2篇中学到的)。让我们看看滑冰选手旋转时的表现吧。开始时她会伸开双臂,然后稳稳地收回,结果旋转的速度就会越来越快。因为滑冰选手的质量更加集中到身体的中心,所以旋转得就更快。另一方面,再来关注一下用来修建牢固大厦的大梁,它们的横截面呈 H 状。这样就可以将更多的质量分散到中心之外,从而使大梁承重时不那么容易移动或变形。

根据通常的说法,这种阻碍运动的特性叫作"惯性",它是由物体的总质量及其分布决定的,而这种质量的分布又与物体的形状有关。如果我们再来考虑一下旋转问题,一个有趣的例子,如网球拍这样的简单物体,它的形状有点特别,它能够以三种不同的方式转动:可以将网球拍平行于地面放置,然后绕着它的中心旋转;也可以将球拍竖起来,旋转拍柄;还可以握住球拍的拍柄将它抛向空中,让它在空中翻转,然后再回到你的手中。有三种旋转球拍的方式,这是因为空间有三个方向,每一个方向都与另外两个方向成直角,球拍可以以这三个方向中的任何一个方向为轴旋转。球拍质量的分布对于每个转动轴来说很不相同,所以其惯性也不相同,因此,球拍绕着不同的轴旋转时其行为有较大的差异。图71.1所示为其中两个方向的旋转。

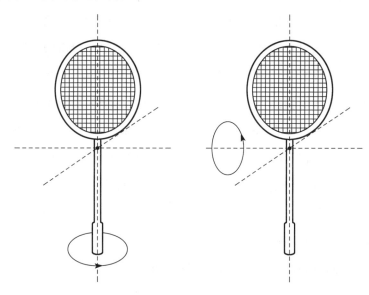

**图71.1　球拍朝两个方向的旋转**

上述三种不同的投掷方式有一个显著的特点。球拍绕轴运动的惯性最大或最小时,它的运动简单。当球拍平行于地面或者直立旋转时没什么特别,但若球拍绕着中间的轴旋转时,其惯性介于最大和最小之间(如图71.1的右图所示),此时特别的事情就会发生。手握拍柄,拍面朝上,就像手持一只平底锅。在球拍朝上的那一面用粉笔做上记号。将球拍掷出,使其在空中翻转360°,然后接住拍柄。此时用粉笔做了记号的拍面现在朝下。

黄金法则是:利用中间的惯性作绕轴转动是不稳定的。稍微偏离精确的中心线,就会导致翻转。有时这是有益的。假设你是一个正在平衡木上练习滚翻的体操运动员,如果再做一个转体,将使你的表现更为精彩,并赢得高分。这样的转体可以因不稳定性而自动产生。

关于这种不稳定性,让我们看一个几年前发生的更严重的例子:一艘俄罗斯运载飞船在与国际空间站对接时,因对接时间出错而撞到了空间站。空间站遭受重创后,开始缓慢旋转。在制动火箭系统中还有燃气,如果点燃它就可以减慢旋转,从而使空间站回到之前的平衡状态,但应当如何点燃火箭呢?应当将空间站移向何方才可以阻止现在的旋转?英国宇航员福尔斯(Michael Foales)被困在空间站尚未被毁的那一部分里,他不得不解决这个问题,而此时他只有一个与地面连接的笔记本电脑。当务之急是要找出空间站绕三个轴旋转时的三种惯性。如果误点了校正火箭,将会使得空间站绕着中间惯性轴旋转,结果将是一场灾难。使网球拍翻转的不稳定性对球拍来说没什么坏的影响,但空间站的翻转,就会使它断裂,所有的宇航员都会丧生,25万千克的致命碎片会散播到太空中,经济损失巨大。美国航天航空局以前不知道空间站的这三种惯性——从来没有人认为需要考虑这些事实——所以福尔斯不得不自己在设计方案中算出来,然后再计算在不同方向点燃火箭以矫正其危险的旋转时,空间站会如何反应。幸运的是,他知道中间轴旋转的不稳定性,而且所有计算都正确。危险的旋转被矫正过来了,宇航员也得救了。数学可以关乎生死。

# 打 包 小 窍 门

关于旅行:与你起初的设想相比,你需要4倍的水,两倍的钱和一半的衣服。

——埃斯勒(Gavin Esler)

一个小男孩,面前有一个带螺旋盖的大空玻璃罐。老师给了他一盒网球并要求他装满这个罐子。他倒进了一些网球,摇了摇,设法在盖上盖子之前多塞一个球进去。老师问他:"瓶子满了吗?""是,满了。"他回答。接下来老师给了他一盒弹珠,问他是否能在罐子里装入更多的东西。小男孩打开盖子,发现能在网球的缝隙中装入相当多的弹珠。摇一摇罐子,让弹珠能够掉到空隙中去。最后,他再也没法塞一个弹珠进去了,认为这个罐子现在满了。老师又拿出一袋沙,让男孩去装满罐子。他又一次拧开盖子,将沙倒入瓶子。这一次他不需要瞎摆弄,只需要非常小心地摇摇瓶子以确保沙子流入了网球和弹珠之间的所有角落和缝隙里。最后,他再也不能向罐子里灌入更多的沙子,就将盖子拧上。这时,瓶子的确满了!

从这个故事中,我们可以吸取一些经验教训。如果老师最先给这个男孩的是沙,让他来填满这个罐子,就没有任何剩余的空间留给后来的网球和弹珠。开始时,如果有空间,应先装大的。这个道理可以应用于人们熟知的打包难题。如果要搬很多行李到货车上,就要知道如何放置才可以将所有的行李都塞到车上。上述小故事表明,应当先放最大的物件,然后放第二大的,以此类推,最小的最后放。

另外,试图打包东西的形状也很关键。通常它们的尺寸相同。如果你是一个糖果或者其他小食品生产商,你也许想知道食品做成怎样的形状,罐子和一些其他的大型贮藏集装箱才能尽可能多装一些。很长一段时间内,人们认为答案就是将它们制成小小的球体状,例如糖球。大量的小球体使得那些充满包装盒的紧挨着的小球之间的空间看似达到最小。有趣的是,事实证明这并不是最好的可用形状。如果糖果被制成小椭圆体,但不是袖珍英式橄榄球或者杏仁状,那么它们将会利用到更多的空间。所以,聪明豆(一种名牌巧克力豆)和 M&M 巧克力比千篇一律的球体集合能更有效地利用空间。如果椭圆体的长轴与短轴的比例为 1:2,那么他们仅留下 32% 的空隙,相比之下,球体所留的空隙为 36%。因此,对于商业效益和工业制造来说,这种看似微不足道的事会产生很多重要的影响,能够减少损耗,降低运输成本,并避免过度包装。

# 再谈打包

我的行李都打包好了,随时可以出发。

——约翰·丹佛(John Denver),《搭机离开》(*Leaving on a jet Plane*)

前面我们提到的关于罐子的打包小窍门是一个非常简单的案例。最先打包最大的物件,然后打包较小的。事实上,实践中的问题更为棘手:我们可能有很多集装箱,要装的货物的尺寸也不尽相同。如何分散不同尺寸的物件使得所用的箱包数最少呢?打包可能不仅仅意味着空间,也意味着时间。假设你是一个大型复印商店的经理,整天要为消费者印制不同尺寸的文件副本。要使得完成一天的工作所使用的机器量最小,应该如何分配不同机器的复印工作?

当需要装运货包的件数和装运它们的货箱数目变得很大时,类似的问题即便用电脑计算也非常耗时。

假设你可以使用最多可装 10 个货包的大型贮藏货箱,而你需要将 25 个不同尺寸的货包装入这些贮藏箱中,要用最经济的方式,即使用最少数量的贮藏箱。现将每个货包的尺寸(单位为“标准包”,1“标准包” = 108.862 千克)列出如下:

6,6,5,5,5,5,4,3,2,2,3,7,6,5,4,3,2,2,4,4,5,8,2,7,1。

首先,假设这些货包由传送带传送,所以我们没有办法将它们分类,只能在它们传过来的时候将它们一个一个地堆起来。最简单的策略就是将它们都放进第一个箱子,直到放不下为止,然后开始装第二个箱子。这样就不能回到前一个箱子去填补它的空隙,因为该箱子已被拿走。这种策略有时被称为"下次适配法"。根据该策略可这样完成装箱:从左边开始,然后根据需要再加一个。开始的 6 标准包重的货包装进第一个箱子,接下来的 6 标准包重的货包就放不进去了,所以就装入第二个箱子。下面的 5 标准包重的货包也没法再装到第二个箱子里,所以装入第三个箱子。接下来的 5 标准包重的货包还可以装入第三个箱子,后面的两个 5 标准包重的货包放到第四个箱子。如果我们按照下次适配法的指示来装箱上述货包,结果是这样的:

　　[6],[6],[5,5],[5,5],[4,3,2],[2,3],[7],[6],[5,4],[3,2,2],[4,4],[5],[8,2],[7,1]。

　　我们用了 14 个箱子,只有 3 个箱子是满的(两个[5,5]和一个[8,2])。未装满的箱子的剩余空间加起来是 4 +4 +1 +5 +3 +4 +1 +3 +2 +5 +2 =34。

　　造成如此大的空间浪费是由于我们无法回到之前的箱子去填满空隙。如果你可以执行一种包装策略,该策略允许你将包裹放到前面有剩余空间的箱子中,结果会好些吗?这种包装方法有时候叫作"首次适配法"。使用该方法,我们可以在开始时将两个 6 标准包重的货包分别放到两个不同的箱子里,接下来的两个箱子都装两个 5 标准包重的货包。接下来 4 标准包重的货包可以放在第一个装有 6 标准包重货包的箱子中。然后,将 3 标准包重的货包放入第二个装有 6 标准包重货包的箱子中;再将后面 3 标准包重和 2 标准包重的货包放到第五个箱子中,以此类推,直到我们将最后一个 1 标准包重的货包正好放到第二个箱子中。最后,货包分配情况如下:

　　[6,4],[6,3,1],[5,5],[5,5],[2,2,3,3],[7,2],[6,4],[5,2,2],[4,4],[5],[8],[7]。

首次适配法比下次适配法好得多。我们只用了 12 个箱子,浪费的空间数下降到 $1 + 1 + 2 + 5 + 2 + 3 = 14$。我们做到了将 6 个箱子完全填充。

现在再考虑一下,如何能在这种装运事务中精益求精。如果接下来的一个货包很大,很可能就会出现空间浪费。前面箱子的剩余空间都很小,为了每一个新的货包,我们不得不开始使用一个新的箱子。如果我们把这些货包按照尺寸从大到小分拣,绝对可以做得更好。当然,如果你负责处理从航空公司行李传送带上送过来的行李,就无法这样做。让我们看看在其他情况下采用这种方法会有多大帮助。

如果我们将包裹按照尺寸从大到小分拣(单位仍然为标准包),得到这样一个新的清单:

8,7,7,6,6,6,5,5,5,5,5,5,4,4,4,4,3,3,3,2,2,2,2,2,1。

现在再来试试我们的老策略下次适配法,可称它为"分拣后下次适配法"。前面的 6 个货包都用单独的箱子,然后再将 5 标准包重的货包两两装箱,共三箱。以此类推。结果如下:

[8],[7],[7],[6],[6],[6],[5,5],[5,5],[5,5],[4,4],[4,4],[3,3,3],[2,2,2,2,2],[1]。

偏偏在最后出了问题!我们不得不再使用一个新箱子,仅仅为了装最后那个 1 标准包重的货包。根据分拣后下次适配法,依然要用 14 个箱子——跟没分拣之前一样——浪费的空间依然是 34。这和未分拣的下次适配法一样。如果把最后那 1 标准包重的货包排除在外,下次适配法需要 14 个箱子,分拣后的下次适配法只要 13 个箱子。

最后,让我们看看采用"分拣后首次适配法"会发生什么。同样,开始的 6 标准包重的货包各自放入不同的箱子,然后 6 个 5 标准包重的货包填满了接下来的 3 个箱子,接着就可以自动重组了。3 个 4 标准包重的货包分别填满了放有 6 标准包重货包的箱子,剩下的一个 4 标准包重的货包使用新箱子。剩下的

货包完美地填满了空当,只有最后一个箱子没被填满:

[8,2],[7,3],[7,3],[6,4],[6,4],[6,4],[5,5],[5,5],[5,5],[4,3,2,1],[2,2,2]。

我们用了 11 个箱子,只有最后一个箱子浪费了 4 标准包重的空间。这比使用其他策略的情况要好得多,但这是最好的结果吗?还有其他的包装策略可以使用的箱子少于 11 个吗?不难看出,没有这种可能。我们所有货包的总尺寸是 $1 \times 8 + 2 \times 7 + 3 \times 6 + \cdots + 5 \times 2 + 1 \times 1 = 106$(包)。

因为每个箱子最多只能装 10 标准包重,要装完所有的包裹至少需要箱子 $106/10 = 10.6$(个)。所以我们永远都没法使箱子数少于 11 个,而且总要浪费不少于 4 标准包重的空间。

通过以上事例我们可以看出,“分拣后首次适配法”是最好的解决方法。如果回头看看上一个故事中那个非常简单的问题——将三种不同尺寸的物件填满一个罐子——就会发现,我们使用的正是分拣后首次适配策略,先放入较大的物件,然后再放入较小的物件。不幸的是,货包装运问题并不都是这么简单。一般来说,就算是计算机也没有什么快捷方式,来找出将各种货包装进最少箱子的最佳方案。随着箱子的尺寸变得越来越大,货包尺寸的多样性也呈上升趋势,这个问题将越来越难以计算,并且如果货包的数量最终变得足够大且尺寸足够多样化时,任何计算机都无法在规定的时间内成功找出最佳的组合方案。面对这个问题时,还要考虑其他一些因素,“分拣后首次适配法”这时就很难说是最好的策略。此方法的效率取决于货包的分拣,而分拣是需要时间的。如果把包裹装箱的时间也考虑进来,那么仅仅使用更少的箱子可能并不是最划算的解决方法。

# 卧虎一跃

老虎！老虎！火一样辉煌,烧穿了黑夜的森林和草莽。

——布莱克(William Blake)

不久前旧金山动物园发生了一件惨剧:塔蒂阿娜,一只 135 千克的西伯利亚雌虎跳出围墙,咬死一名游客,并致使两名游客重伤。媒体报道援引了动物园官员对老虎能够跳出高高的院墙这一事实的惊讶:"它之前也跳过。我惊奇的是它怎么可以跳得这么高!"动物园园长莫利内多(Manuel Mollinedo)说。虽然一开始声称老虎围场的院墙有 5.5 米高,但后来发现只有 3.8 米,大大低于美国动物园与水族馆协会推荐的 5 米安全高度。但是,有了安全高度我们就该感到安全吗? 一只老虎可以跳多高?

围墙被一条 10 米宽的干涸的小河环绕,所以这只能干的老虎面临的挑战就是,在水平方向距离墙至少 10 米的地方起跳,并跃过 3.8 米高的围墙。在平地上短距离内,一只老虎能达到的最高时速超过 22 米/秒(即约 80 千米/时)。经过 5 米助跑,它就可以很轻易地达到 14 米/秒的起跳速度。

这正是一个抛射体问题。它以抛物线路径达到最高点然后下降。抛射速度至少为 $v$ 才可以使垂直方向的高度达到 $h$,设抛射点与墙的距离为 $x$,它们之间的关系为：$v^2 = g(h + \sqrt{h^2 + x^2})$，其中，$g = 9.8$ 米/秒$^2$ 为重力加速度。注意，一些特征使该方程具有重要意义：如果重力变大，那么老虎跳起来会更难，并且起跳速度 $v$ 也要变大。同样，墙的高度 $h$ 变大，或者起跳点和墙之间的距离 $x$ 变大，都需要起跳速度变大才能跳过墙去。

让我们看看上述旧金山动物园老虎围墙的构造吧。墙高 3.8 米，但老虎体积庞大，加之西伯利亚虎的肩部高度为 1 米，那么，它身体中心①跳过墙的实际高度至少需 4.3 米（我们忽略它攀爬越过围墙这种可能性——虽然有可能）。这就有 $v^2 = 9.8(4.3 + \sqrt{18.5 + 100}) = 148.97$（米/秒）$^2$，则 $v = 12.2$ 米/秒。

这个速度在老虎的起跳速度能力范围之内，所以它的确可以跳过围墙。将墙高升至 5.5 米，老虎跳过围墙时需要将其身体升高 6 米，跃过此墙所需的起跳速度为 13.2 米/秒。正如园长所说："不用说，现在事情已经发生了，我们将重新探讨墙的实际高度。"

--------

① 在这些问题中，我们忽略抛射物的尺寸，将它看作一个质量集中在中心的物体（即质点）。当然，老虎的体积不容忽视，它根本不是一个点。不过，我们在讨论中将忽略这一点，而将它视为质点。——原注

# 豹子为何有斑点

　　然后,埃塞俄比亚人并拢他的五个手指……都按在豹子身上,手指接触到的地方就留下了五个小黑斑点,都靠得很近……有时候手指滑了一下,斑点就变得有些模糊;但是如果你凑近细看豹子,你会发现那里总有五个斑点——这源于五个手指。

　　——吉卜林(Rudyard Kipling),《豹子为何有斑点?》

　　(*How the Leopard Got His Spots*)

　　动物的斑点,尤其是大型猫科动物的,是我们在生物界中见到的最惊人的现象之一。这些图案绝不是随机的,也不仅仅是伪装的需要。动物胚胎内流动着催化剂和抑制剂,它们可以刺激或抑制特定的色素,并遵循一个简单的规律:它们在不同点处的浓度取决于化学反应所产生的色素的量,及其在皮肤表面扩散的速度。它们最终呈波形扩散,这将刺激或抑制不同颜色的色素。色素的效果取决于几个因素,例如,动物的形状和大小、波的波长。如果你观察一下大面积的表皮就会发现,这些色素分布的峰谷造就出有规则的颜色深浅不同的斑纹。在抑制较弱的地方会出现波峰,于是会形成斑纹或斑点。如果在某处色素的浓度最大,那么此处的高浓度斑块最终会散开,斑点会合并,形成斑块或成片斑纹。

动物的大小至关重要。对于非常小的动物,它的身体并不适于被许多强弱起伏的色素诱发的波纹所环绕,因此其斑点将只有一种颜色或者像仓鼠呈花斑状。体型较大的动物,例如一头大象,强弱起伏的波纹数不胜数,所以整体效果反而是单色的。在小型动物和大型动物之间,有更大的变化空间——无论是不同动物之间还是同一种动物。以猎豹为例,它有一个带斑点的身体和一条带条纹的尾巴。当波在猎豹相对较大的类似圆柱形的身体上扩散时,产生了明显的谷和峰,但当波扩散到较细的类似圆柱体状的尾巴上时,谷和峰靠得更紧,合并到一起,于是形成了条纹状。按照动物身体上的色彩浓度波趋势,我们得出了一个很有趣的数学"定理":斑点动物可以有条纹尾巴,但条纹动物没办法拥有斑点尾巴。

# 疯狂的人群

未来是属于群众的。

——德里罗（Don Delillo）

如果你曾在一大群人中待过,比如参加一场体育比赛、流行音乐会或游行示威活动,你或许就能体会或见证人们集体行为的一些奇怪特点。一群人不像一个整体那样步调一致,整齐有序。大家都走一步看一步,但没有人会轻举妄动,否则后果将不堪设想——一列缓慢行进的队伍最后可能会因为人们四散而陷入恐慌。了解一些力学原理对于应付这种情况非常重要。如果在一大群人附近突然发生了火灾或大爆炸,人们会怎么做呢？在大型的体育馆中,该怎样设计逃生路线和安全出口呢？该怎样组织前往麦加的数百万信徒和朝圣者,才能避免过度拥挤的人群在恐慌中蜂拥逃散,酿成几百名信徒牺牲的惨剧再度发生呢？

这里有一个在近期对人群行为和控制的研究中提及的有趣观点,人群的涌动可类比为液体的流动。首先,你可能觉得,不同的人对同一种情况的反应不同,而且在年龄和理解程度上也都不同,要了解这样一群千差万别的人,简直是一项不可能的任务。然而,事实并非如此,人们比我们想象中更为相像。简单恰当的选择就能让拥挤的人群很快形成良好的秩序。在伦敦一个大型的火车终点站下车准备直奔地铁站时,你会发现,下行的人都走左(或右)边的台阶,而上行的人都走另一边。在通往票闸的走道处,人群自动分成两拨,朝不同方向前进。所有这些都没人安排,也没有张贴什么通知来强行要求。事实上,这是因为个体在观察了附近的人怎样前进、整个人群是怎样的趋势之后得到暗示,从而作出相应的举动。作出反应的第二种因素在很大程度上取决于你是谁。如果你是一名日本经理,常常要在人流高峰期乘坐东京列车,你的反应就会跟周围的人大为不同。而如果你是从苏格兰岛或罗马的学校来观光旅游的,你就会随波逐流。如果要照看长幼亲人,你就会以另一种不同的方式行进,跟紧他们,留心他们的位置。所有这些变数都可以输入电脑,让它们模拟出人群在不同地方聚合时会出现什么情况,以及人们会对于不断变化的新压力作出什么样的反应。

跟流动的液体一样,人群的行为似乎有三个阶段。当这个群体不是很大且稳步朝同一个方向前进时,比如一场足球赛后,人们都从温布利球场出发,前往温布利公园地铁站,就像一股水流一样。人群保持着同样的速度行进,中途没有人停下,也没有人加入。

然而,随着人群密度的剧增,他们开始相互推推搡搡,于是运动开始出现不同的方向。整个人群的行进变得断断续续,停停走走,就像翻滚的波浪。人群密度不断变大,前进的速度就会减缓,如果有人觉得从侧边走快些,他们就会尝试走侧边。从心理学角度看,这就跟人们驾车在交通拥挤、车流稠密的线路上缓慢挪动时的心理一样。在这两种情况下,拥堵的人流中都注入了"涟漪",这样就有人慢下来,还有人换到侧道上让你补进来。这种断断续续的波浪会贯穿整个人群,它们本身不具危险性,但它们预示着可能有更危险的事会突然发生。

当人群越来越拥挤时,人们的举动就开始变得混乱无序,就像液体流动得更加汹涌更加湍急了,大家拼命朝四面八方挪动以寻找空间。他们推挤身边的人,越来越猛烈,以获得一些私人空间。这就增加了人们跌倒、数人挤压在一起致使呼吸困难或者小孩与父母走散的危险。在较大的人群中,这种情况随时都可以

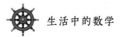

发生并迅速传播,造成连锁反应,很快这种滚雪球式的局面就会失控。不幸的倒地者成了其他人的绊脚石,造成越来越多的人跌倒。有幽闭恐惧症的人更会感到恐慌,从而对邻近的人施以暴力,大打出手。在这种情况下,除非进行有组织性的干涉,将人群分为各自独立的几部分,以减小人群密度,否则一场灾难就在所难免。

短短数分钟到半小时,平缓的人流就能迅速转变为断断续续运动且混乱无序的人群。但是,在某一特定群体中是否会出现这种危险,如果出现,会在何时,则都是可以预测的——通过监控大规模的行动,可以发现较大人群中哪些地方的运动开始变得断断续续,以及哪些关键压力点推动了这种转变,使得混乱加剧,以便及时采取措施,减小这些关键压力点处人群的拥挤程度。

# 钻石怪杰

我始终觉得,别人送的钻石比自己买给自己的要耀眼很多。

——威斯特(Mae West)

钻石是一种非常名贵的碳,是最坚硬的天然材料。

然而,钻石最重要的性质——闪闪发光——属于光学特性。因为跟水和玻璃相比,钻石的折射率非常大,为 2.4,而水和玻璃的折射率分别只有 1.3 和 1.5。这就意味着光线在穿过钻石时,偏折(或折射)的角度很大。更为重要的是,以大于 24°的入射角射到钻石表面的光线会被全部反射出去,根本不能穿过钻石。这是一个很小的角度,因为光线由空气射入水中的临界角为 48°(偏离竖直方向),而玻璃的临界角为 42°。

钻石还能以一种极端的形式色散。普通的白光由红、橙、黄、绿、蓝、靛、紫七种光谱组成。当白光穿过透明介质时,其中的这些光波以不同的速度通过钻石,因此偏折的角度各不相同,其中红色光的偏折最小,紫色最大。钻石使得这些颜色中最大和最小的偏折角度相差很大,产生了色散,正是因为这个原因,使得光线穿过切割精致的钻石时,产生了炫目的色彩变幻。没有任何其他宝石有如此大的色散本领。而珠宝商所面临的挑战是,如何切割一颗钻石,使得它反射的光线无比璀璨夺目。

钻石切割已经有几千年历史,但有一个人对我们当今的钻石切割作出的贡献最大,他找到了最佳的切割办法及其原理。托尔库斯基(Marcel Tolkowsky,1899—1991)出生在比利时安特卫普的一个顶级的钻石切割及贸易世家。他很有天赋,从比利时大学毕业后就被送到伦敦的帝国理工学院学习工程学。[①]1919 年,还只是本科生的托尔库斯基就出版了著名的《钻石设计》(*Diamond Design*)一书,书中第一次提到,如何通过研究光在钻石中的折射和反射找到最好的切割方式,从而获得最大亮度和最耀眼的光芒。托尔库斯基完美地分析了光线在钻石内部的传播路线,提出了一种新式的钻石切割方法——"明亮型"或"理想型",这种方法至今仍是人们切割圆形钻石最常用的方法。他思考了光线从钻石平坦的顶部射入后的传播路径,并计算了钻石背面应取的倾斜角度,以便光线在钻石内部第一次和第二次都产生内全反射。这会使得入射光线从钻石背面直射进去后全都能从钻石正面射出,从而产生最为闪亮的效果。要想钻石尽可能耀眼,出射光线在内全反射结束后射出钻石时,不会偏离垂直角度太远。图 77.1 分别展示了跟最佳切割角度相比,角度太大、太小以及最合适的情况。切割角度最佳时,光线通过钻石内的反射并从背面折射出来时不会有任何损失。

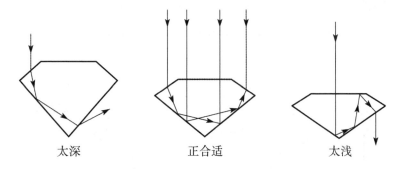

太深　　　　　　正合适　　　　　　太浅

**图 77.1　光线通过不同形状的钻石的光路图**

托尔库斯基接着考虑了反射光和光谱色散的最佳平衡,以便产生出特殊的"光辉",以及最佳的多面形状,如图 77.2 所示。[20]

---

① 他的博士论文是关于钻石的打磨和抛光,而不是钻石外观。——原注

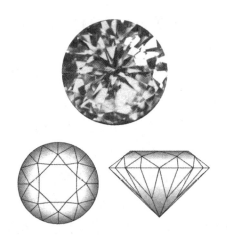

图 77.2　能产生特殊"光辉"的钻石经典形状

　　他在分析光线时利用了简单的数学知识,找到了切割出 58 面明亮型钻石的秘诀,以及一套特殊的比例和角度范围。在这些范围内,钻石从眼前轻轻晃过,就能制造出最佳视觉效果。然而,事情远不像你看到的那么简单。

　　从图 77.3 中,我们可以看到托尔库斯基推荐的完美切割的经典形状(在最佳"光辉"和明亮度时其角度的选择范围极小)。钻石各部分与钻石腰棱翻光面整个直径的比例在图中都有具体标注,并附有详细名称。①

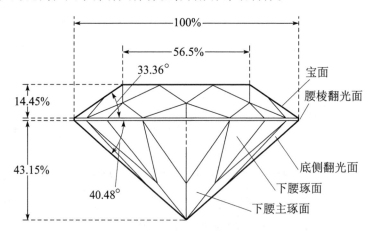

图 77.3　完美切割的钻石的各部分比例

---

① 腰棱翻光面的厚度,可以避免边缘过于锐利。——原注

# 机器人三定律

*因为神知道，你们吃的日子眼睛就明亮了，你们便如神能知道善恶。*

*——《创世记》*

昨天我看了部电影《机器人公敌》(*I, Robot*)，是根据著名科幻作家阿西莫夫 (Isaac Asimov) 的机器人故事拍制而成。1942 年，阿西莫夫（下页图所示）在短篇小说《环舞》中引入了一种未来的观念，认为人类可以和先进的机器人共存。为了保护人类不被行事准确而高效的助手机器人毁灭和奴役，他制定了一套"定律"作为保护措施，并将其植入所有机器人电子大脑的编程中。制定什么样的定律是个有趣的问题，它不仅仅是技术上的正确和安全问题，还是一个大家会考虑的更深层次的问题：世界上为什么会有邪恶存在，一位善神该采取什么样的措施来阻止其发生。

阿西莫夫模仿热力学三定律写下最初的机器人三定律：

第一定律：机器人不得伤害人类，或袖手旁观坐视人类受到伤害；

第二定律：除非违背第一定律，机器人必须服从人类的命令；

第三定律：在不违背第一、第二定律的情况下，机器人必须保护自己。

后来，阿西莫夫又模仿热力学，在第一定律前面添加了第零定律：

图 78.1　阿西莫夫

第零定律:机器人不得伤害人类整体,或袖手旁观人类整体受到伤害。

加上第零定律的原因不难发现。假设一个疯子拿到了一个能够毁灭全世界的核起爆器,而只有一名机器人能够阻止他引爆,那么第一定律就会妨碍机器人采取行动拯救人类。即使不涉及第零定律,第一定律也会造成机器人的不作为,这是问题所在。如果我和我的机器人遇到了海难而漂到一个荒岛上,我的一只脚烂掉了,需要截肢才能挽救我的生命,这时我的机器人能不顾第一定律而帮我截肢吗?机器人能像法院的法官一样,将陪审团确认有罪的罪犯绳之以法、予以惩处吗?

如果电子大脑中植有这四定律编程的机器人被大量制造出来,我们会觉得安全吗?我觉得不会。这只是一个时机问题。首先,第零定律凌驾于第一定律之上,这就意味着如果你开着一辆非常耗油的车,或没有回收所有的塑料瓶时,机器人可能将你杀掉。因为他认为,如果这些行为继续下去,会对全人类造成威胁。它们与世界政界首脑对抗的职责可能变得令人担忧。要求机器人保护人类的整体利益是一个非常危险的决定——它所指的是一个模糊的概念,对于"什么是人类的整体利益"没有明确的定义。也不可能有电脑打印出一张清单,将所有保护人类整体利益的行为和破坏人类整体利益的行为都列出来。没有任何程序能够将所有的善恶都告诉我们。

没有第零定律的话,你可能还会觉得安全点。固然,有一个需要担心的问题,它可能让我们遭受所有第一、第二和第三定律试图避免的直接伤害。先进的机器人有复杂缜密的思维,可以思考它们自身、思考我们以及无生命的物体,甚至还会有心理活动。跟人类一样,它们可以让别人无法捉摸其心理活动,但这也会让它们产生心理问题,从而使人类可能深受其害。就像人类有时把自己当作机器人一样,机器人也可能把自己当作人类,这时它就可以为所欲为,因为它认为机器人四定律已不适用于自己了。跟这个问题紧密相关的是,机器人思想中的宗教信仰或其他玄妙信念的演化。那时,第三定律该怎么理解呢?机器人的何种存在形式应该受到保护呢？是机器人的躯壳吗？还是机器人自认为拥有的灵魂，或者，存在于机器人制造者心中的机器人"思想"？

　　尽可以问自己一些类似的问题，你会发现，编程时强加给这些人工智能的约束和规则最终难免会酿成严重后果。当我们称作"意识"的东西出现在人工智能中时，结果就不堪设想，至恶至善都有可能，而且善恶一定会共存——这跟现实生活确实有点相像。

# 跳出思维的框框

很多人宁愿去死也不愿思考,事实上,大多数人都是如此。

——罗素

思考问题时,人们不经意间就会陷入一种固定的思维模式。要打破思维定式,充满想象力和独创性,需要从不同的角度思考问题,而不是直接套用已经习得的原理。比如,你玩画圈打叉游戏(两人轮流在九个小方格内画圈或打叉,以先把所画的圈或叉列成一行者为胜)很棒,无论先走后走从来都不会输,现在有人向你挑战。你有一种战术,最差的结果也是平局,但只有当你的对手违背了最佳战术时,你才能胜出。但是,并不是所有问题都像这个游戏的最佳战术那样简单。下面这个例子问题很简单,但答案一定会让你大吃一惊。

如图79.1,标出 3×3 九个点。现在拿支笔,不能提笔不能折回原路,一笔画出连续的四条直线,使其穿过这所有的九个点。

图79.2 是一个失败的例子,它漏掉了左边中间的那个点。

**图79.1 排列成 3×3 的九个点**

图 79.3 同样失败了,它也漏掉了一点,即最中心的那个。

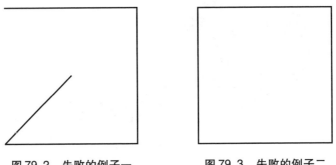

图 79.2　失败的例子一　　　　　图 79.3　失败的例子二

这似乎是一个无解之题。我也只有在折回原路的情况下,才能用四条直线贯穿全部的点,如图 79.4 所示:先描出对角线,然后来回描出交叉线。这种方法需要画的直线不止四条,因为你还需要将它们用线顺次连接。

其实有一种方法,可以不提笔不折回原路直接将所有的点都串起来,但需要打破一条你无故强加给自己的规则——题目一开始没有这条限制,而你只是习惯于这种固定的规则——你想也没想,就认为不能越出这个框框。你苦苦寻找的答案,其实只需要在直线改变方向之前,就将其画到这九个点的框框外面,如图 79.5 所示。

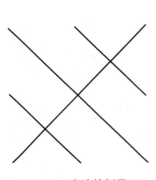

图 79.4　失败的例子三　　　　图 79.5　成功的例子

跳出思维的框框多么重要啊!

# 搜索引擎的
# 工作原理

板球运动是有组织的闲逛。

——坦普尔（William Temple）

很多体育比赛都会制作名次表，来显示所有参赛者相互比试之后哪个队最为优秀。输一场、赢一场、平局各得多少分，对于最终谁会脱颖而出至关重要。几年前，足联决定将赢一场球得两分改成了现在的三分，希望能够鼓励更多的进攻，而平局一场仍然只得一分。所以，赢一场比平一场得分要多很多。然而，这种简单的得分规则似乎仍不够完善。毕竟，难道你击败一个强队不应该比击败弱队多加些分吗？

2007 年在加勒比举行的世界板球杯就树立了一个很好的榜样。在比赛第二阶段，进入前八的球队两两对打（实际上，在第一阶段，每支球队都跟八队之一交过手，当时的战果继续算数，所以现在他们都只需跟另外六支球队比赛）。赢一场得两分，平局一分，输一场零分，最后前四强的球队将晋级半决赛。如果出现球队分数相同的情况，就通过比较其跑动得分率来拉开差距。比赛的名次如表 80.1 所示。

表 80.1    2007 年板球世界杯 1/4 决赛比赛名次

| 球队 | 总场次 | 赢（场次） | 平（场次） | 输（场次） | 跑动净得分 | 得分 |
|---|---|---|---|---|---|---|
| 澳大利亚队（A） | 7 | 7 | 0 | 0 | 2.40 | 14 |
| 斯里兰卡队（SL） | 7 | 5 | 0 | 2 | 1.48 | 10 |
| 新西兰队（N） | 7 | 5 | 0 | 2 | 0.25 | 10 |
| 南非队（SA） | 7 | 4 | 0 | 3 | 0.31 | 8 |
| 英格兰队（E） | 7 | 3 | 0 | 4 | -0.39 | 6 |
| 西印度群岛队（W） | 7 | 2 | 0 | 5 | -0.57 | 4 |
| 孟加拉国队（B） | 7 | 1 | 0 | 6 | -1.51 | 2 |
| 爱尔兰队（I） | 7 | 1 | 0 | 6 | -1.73 | 2 |

我们再考虑一种更好的办法,让球队在击败强队时比击败弱队时加分更多,这样再重新决定比赛的名次。每支球队击败其他所有球队总共得了多少分,我们就给该队多少分。没有平局,我们就不用考虑平局的情况。总分看上去就像是 8 个方程:

$$A = SL + N + SA + E + W + B + I,$$

$$SL = N + W + E + B + I,$$

$$N = W + E + B + I + SA,$$

$$SA = W + E + SL + I,$$

$$E = W + B + I,$$

$$W = B + I,$$

$$B = SA,$$

$$I = B。$$

这个表可以用 $AX = KX$ 这个矩阵方程来表示,其中 $X = (A, N, W, E, B, SL, I, SA)$,$K$ 为常数,$A$ 为 $8 \times 8$ 的矩阵,0 和 1 分别表示输和赢,如表 80.2 所示。

表 80.2　重新表示的比赛结果

|  | A | N | W | E | B | SL | I | SA |
|---|---|---|---|---|---|---|---|---|
| A | 0 | 1 | 1 | 1 | 1 | 1 | 1 | 1 |
| N | 0 | 0 | 1 | 1 | 1 | 0 | 1 | 1 |
| W | 0 | 0 | 0 | 0 | 1 | 0 | 0 | 0 |
| E | 0 | 0 | 1 | 0 | 1 | 0 | 1 | 0 |
| B | 0 | 0 | 0 | 0 | 0 | 0 | 0 | 1 |
| SL | 0 | 1 | 1 | 1 | 1 | 0 | 1 | 0 |
| I | 0 | 0 | 1 | 0 | 1 | 0 | 0 | 0 |
| SA | 0 | 0 | 1 | 1 | 0 | 1 | 1 | 0 |

要解答这些方程,算出每支球队的总分,从而得出在此种得分规则下的比赛名次表,我们必须找到矩阵 $A$ 中所有正数和零的特征向量。每种解答都要求 $K$ 取一个特殊值。这跟因数 $X$ 都为正分(或零分——输掉时得零分)时答案相同,正如这里描述的情况。要解答这个矩阵,找到所谓的特征向量"第一名",可以由下式得出:

$X = (A, N, W, E, B, SL, I, SA)$

$\quad = (0.729, 0.375, 0.104, 0.151, 0.153, 0.394, 0.071, 0.332)$

所有球队的排名可以通过下面的分数大小得出,其中,澳大利亚队(A)以 0.729 分居于榜首,爱尔兰队(I)以 0.071 位于最后。如果将此种排名与最初的名次表相比,则有:

| | | |
|---|---|---|
| A | A | 0.729 |
| SL | SL | 0.394 |
| N | N | 0.375 |
| SA | SA | 0.332 |
| E | B | 0.153 |
| W | E | 0.151 |
| B | W | 0.104 |
| I | I | 0.071 |

可以看出,在两种不同的计分规则下,最终成功晋级半决赛的前四强排序相同,但倒数四名中,有三个顺序不同。孟加拉国队只赢了一场,所以只得了两分,在世界杯联赛中得倒数第二名。而在我们的计分规则下,他们一跃成为第五名,因为他们获胜的那一场是跟排名靠前的南非队较量的。英格兰队虽然赢了两场,但只是战胜了最弱的两支球队,因此排名落后于孟加拉国队(通过 0.153 与 0.151 小数点后面第三位拉开了距离)。

这种排名规则正是许多搜索引擎的工作原理。球队 i 和球队 j 的比赛结果对应着话题 i 和话题 j 的网络链接数量。当你搜索一个术语时,搜索引擎凭借其巨大的计算能力和超强的处理量,制成一个"得分"矩阵,并求解这个矩阵方程,找出特征向量,从而列出你所搜索词语的点击率排名。这太不可思议了!

# 损 失 规 避

理论上来说,理论和现实没有差距;实际上却存在。

——约吉·贝拉

人们对待得失的态度似乎大有不同。经济学家花了很长时间才认识到,在作决定时,人类的行为是不对称的。我们习惯于自然地规避风险,因而更加辛苦地工作只为避免一些微不足道的损失,而不愿冒险去争取更大的回报。"损失规避"就是说,比起在街上捡到 50 英镑的高兴劲,丢了 50 英镑会更加难过。少交 10% 的附加税,比火车票优惠 10% 更加让你兴奋。

假设你是一名摆地摊的小商贩,若想每天都有一定的收入,就得每天坚持摆摊,直到赚到那么多钱。实际情况是怎样的呢?生意好时,很快可以赚足那么多钱,然后早点收摊回家。生意不好时,得坚持摆上很久,才能最终达到那个目标。这看上去很不理性,延长工作时间只为不与目标收入产生差额,但当生意好时却不知道把握机会延长工作时间。这是一种典型的传统风险规避心理。

有人认为这种行为是很不理性的。第一,它根本没有一点道理;第二,所得所失不一定与目前拥有的钱财相称。如果你总共有 10 万英镑的财富,那么能再增加 10 万当然不错,但更重要的是要避免损失 10 万,因为一旦损失 10 万你就破产了。潜在的损失远远大于可能的收获。

有时,人们作出某些决定是因为他们相信纯心理上的明显差异,而其实这些差别并不存在。比如,假设一场反常的高浪海潮和汹涌风暴将会摧毁1000所沿海房屋,环保局已经拟订方案来保护这些沿海居民。人们可以在两种方案中选择其一。方案A是利用一切可利用的资源,在某处构筑一道屏障,这样可以救1000所房屋中的200所。方案B是多渠道利用这些资源,这样拯救全部1000所房屋幸免于难的概率为1/5。① 面对这种情况,大多数人都会选择更有把握的方案A。

现在,假设环保局来了一位新公关主任,他想换种方式陈述这两个方案。方案A和B就成了方案C和D:方案C会有800所房屋被摧毁;方案D中,没有任何房屋被摧毁的概率为1/5,而全部房屋被摧毁的概率为4/5。② 这时,大部分人都会选择方案D。这很奇怪,因为方案D和方案B、方案A和方案C,是一模一样的。我们内心深处的风险规避心理让我们选择了D而不是C,与此同时,却选A不选B,因为我们对损失更为敏感。100%损失800所房屋跟只有4/5的概率损失1000所房屋相比,听起来要惨很多。然而,提及保护这些房屋时,我们对于可能会保护1000所的反应就没有一定能保护200所的反应那么强烈了。真是奇怪。

---

① 这意味着预计可以保护房屋1000×1/5 = 200所,跟计划A中的数字一样。——原注
② 计划C和计划D预计有800所房屋被摧毁,即可以保护200所房屋,跟计划A和计划B相同。——原注

# 铅笔中的铅

我们都是上帝手中的铅笔。

——特蕾萨修女(Mother Teresa)

现代的铅笔由孔特(Nicholas-Jacques Conte)发明于 1795 年,他是一位为拿破仑的军队服务的科学家。这种最合适做铅笔的材料叫作石墨(graphite),以纯碳的形式存在。15 世纪初,人们首次在欧洲的巴伐利亚发现了它,但阿兹特克人在好几百年前就已经开始用它做记号了。一开始,人们认为它是一种铅,就称之为"黑铅"(plumbago 或 black lead)。直到 1789 年,它才改名叫作石墨,因为在希腊语中,石墨表示"写"的意思。铅笔(pencil)这个词更为古老,起源于拉丁词语"小尾巴"(pencillus),指中世纪人们写字用的小毛笔。

1546 年,人们在英国湖区凯西克附近的博罗代尔发现了最纯净的石墨矿,由此在当地引发了走私业和相关的(为逃税而隐瞒收入的)黑色经济。19 世纪,凯西克周围的铅笔制造业兴起,人们大量开采高质量的石墨。第一家铅笔制造厂开办于 1832 年,如今,坎伯兰铅笔公司已有将近 180 年的历史,但当地的矿山已经被封,现在使用的石墨都是从斯里兰卡和其他更远地区运送过来的。坎伯兰公司制造的铅笔属于质量最好的一种,所用的石墨不会出现脱落粉尘的情况,并且纸上的书写效果很好。孔特最初发明的铅笔制造工序包括:在温度为 1900 ℉的干燥炉中煅烧水、黏土和石墨的混合物,得到松软的固体(即最终的铅芯),然后将其包进木制的铅笔杆中。包铅芯的笔杆可以有多种形状,如方形、棱柱形或圆柱形,它取决于该铅笔的具体用途——比如,木匠就不用圆柱形铅笔,免得它滚下工作台。最终制成的铅笔中"铅"的软硬程度取决于煅烧物中黏土和石墨的相对比例。商业用途的铅笔一般分 20 种,从最软的 9B 到最硬的 9H,而用途最广泛的是 HB 等级,介于 H 和 B 之间。"H"表示硬(hard),"B"表示黑(black)。B 前面的数字越大,写字时留在纸上的石墨就越多。还有一个"F",即细笔尖,是一种只能用于写字而不能用于画图的硬质铅笔。

石墨有一种特性很奇怪:它是世界上已知的最柔软的纯碳,并且也是一种最好的润滑剂,因为六个碳原子形成的碳环能够轻易从相邻的碳环上脱落。但是,如果碳原子的结构被改变,就会出现另一种透明的纯碳——钻石,世界上已知的最为坚硬的固体。

这里有一个有趣的问题:一只普通的 HB 铅笔要画一条多长的直线,才能将其中的铅芯全部用完。一支软质的 2B 铅笔在纸上留痕的石墨厚度约为 20 纳米,而一个碳原子的直径为 0.14 纳米,因此,这支铅笔画的线只有 143 个碳原子那么厚。铅芯的半径为 1 毫米,因此,横截面面积为 $\pi$ 毫米$^2$。如果铅笔长 15 厘米,那么,笔芯的体积为 $150\pi$ 毫米$^3$。如果我们所画直线的厚度为 20 纳米,宽 2 毫米,那么,这支铅笔足够画出一条长 $L = 150\pi/(4 \times 10^{-5})$ 毫米 $= 11.78$ 千米的直线。不过我还没有检验过呢!

# 意大利面
# 破坏实验

每当看到 Parceline 公司的邮政快递车,我就会想起肯顿(Miles Kington)。因为正是他以此命名了一家意大利面食店。

——英格拉姆(Richard Ingrams)

风干的意大利面条又长又脆,你只要握住它的两头,就能把它折断。你或许以为这样面条就会折成两半,最后两手各握了一半。殊不知,结果并非如此。意大利面条通常会碎成好几段,这很奇怪。为什么意大利面条会出现这种结果呢?费恩曼(Richard Feynman)也曾一度被这个问题所困扰,在希里斯(Daniel Hillis)为他所著的传记中,有这样一个故事:

有一次,我们正在做意大利面……每拿一根面条将其折断,它都会裂成三段。为什么总是如此?它为什么会裂成三段?接下来的两个小时,我们就试图想出一些奇奇怪怪的理论。我们设计实验,比如在水下折断它,因为我们觉得那样可能会减小声音及振动。然而,几个小时过去了,最后厨房里遍地都是碎掉的面条,我们也没得出所以然来。

不过,最近这个极难的问题终于有了答案。任何一条脆东西,不仅仅是意大利面条,在被弯曲到超出某个临界程度时,就会断裂。我们将这个临界值叫作

"破裂曲率"。这些都很正常，可接下来发生的事情就很有趣了：第一处断裂后，每一段就会有一端处于游离状态，而另一端还握在你手中。突然被断开而变得游离的一端就要伸直了，于是弯曲波就从断裂处沿着自身朝着你手握的方向运动。这些弯曲波在折回过程中与面条上其他地方的波相遇，就会骤然出现猛烈的弯曲，足以再次折断面条。第二处断裂又产生了新的弯曲波，致使自身更加弯曲，从而超出面条上某些点的临界值。最终结果就是，在出现第一处断裂之后，面条另一处或更多处又会继续断裂。直到剩余能量不足以让弯曲波沿着面条传向你手握的地方，这种断裂就会停止。那些两端都处于游离状态的部分，就会落到地上。

# "小黄瓜"大楼

像黄瓜一样冷静——镇定自若。

——莫斯(Stephen Moss)

伦敦金融城最引人注目的现代建筑,就是圣玛丽艾克斯30号大楼(如图84.1所示),其实人们对它的另外一些名字更为熟知,如瑞士再保险总部大楼、"松果"或"小黄瓜"。查尔斯王子戏称其为"伦敦脸上长出的酒刺"。作为建筑大师诺曼·福斯特(Norman Foster)及其同事的杰作,它标志着现代建筑时代的到来,并获得了2004年英国皇家建筑师协会史特灵奖。它让瑞士再保险公司成功进入公众的视线,并激起了一场对建立在传统视野和视线之上的塔楼之可取性的广泛讨论。虽然人们对"小黄瓜"的美学成就争论得热火朝天,但毫无疑问,它已不能完全满足瑞士再保险总部的商业目的。"小黄瓜"总共有34层,这个公司只拥有最下面的15层,但另一半的楼层从未能全租给一家公司。原因可想而知:买得起这些楼层的那些高级商业公司已经认识到,这整座大楼都已经与瑞士再保险公司这一响当当的名头挂钩,即便自己入驻办公也只能甘拜下风,捞不到任何名望。结果,这一大片闲置的楼层都只能被分开出租。

"小黄瓜"最明显的特征就是大,它有180米高。造这么高的楼一般会出现

图 84.1　圣玛丽艾克斯 30 号大楼

结构和环境问题。今天,工程师们能够设计出复杂的电脑模型以模拟一座大型建筑,用来研究其对风和热的反应、空气的对流情况,以及对地面行人的影响。对设计的某一方面进行改动,都会给其他许多方面带来影响。例如,改动建筑表面的反射率,就会改变室内温度及空调设置。根据电脑模型模拟这些复杂的建筑,就可以一次性地看到所有的结果。设计一个复杂的结构,如一座现代建筑时,"一次一件"的方法一点都不可取,必须同时解决很多问题。

"小黄瓜"优美的弧形轮廓不仅出自美学理念,也满足了一些设计者标新立异的愿望。这种逐渐变尖变细的形状是基于电脑模型作出的选择,它在街面起始处非常窄小,然后向上逐渐膨胀,在16层时凸起程度最大,之后稳步向上越来越窄,直至顶部。

较高的建筑会使风聚集在街面附近的狭窄通道中(就像你在花园浇水时,将手指盖住软管喷口的一部分,这样水就能喷得更远一些——因为压迫作用使得压力增加,造成水流的速率增大),这样会对路人和在此办公的人带来可怕的感觉,他们感觉自己就像在风洞中一样。"小黄瓜"大楼底部狭小的构造就削弱了这种不良后果,因为它减少了气流的压迫。削尖的上半部分也起着重要作用,如果站在一座传统不削尖的摩天大楼附近从地面朝上看,你会发现自己显得多么渺小,大楼则遮住了一大半天空;而削尖的设计不会像这样遮住天空,而且没有居高临下的感觉,因为你从附近的地面上根本看不到大楼的顶部。

这种建筑的外部造型还有一个惊人之处:它是圆柱形的,而不是棱柱状的,这也有利于减缓大楼周围的气流速度。另一方面,这种构造很环保。从外部插入每层楼板的六个巨大的三角楔柱形天井,使光线和自然通风深入大楼的内部,从而减少了对传统空调设备的需求,这比同等规模的普通建筑要节能两倍。这些楔柱并不是一层一层直接往下,而是随着上层与下层的情况而轻微旋转,这有助于更有效地交换空气。正是每层之间楔柱的这种轻微偏移,造成了外部这种引人注目的螺旋状风格。

远看这座圆柱形大楼,你会觉得外面的每块玻璃都是弯曲的——要制造出这种复杂精致的景观效果十分昂贵——但实际上却不是。跟弯曲显著的距离相比,每块玻璃很小很小,因此,只要用有四条边的平面玻璃镶嵌就可以了。玻璃越小,拼凑出来的外立面就越接近弧形。而不同玻璃之间拼接的角度造成了外观方向上的所有改变。

# 几何平均值
# 真平均

平均起来,每个人有一个乳房和一个睾丸。

——麦克海尔(Des McHale)

所有经济发达的国家都用一些定量指标,来量度由于一组参照物品(如主食、牛奶、取暖和用电)价格的波动所导致的人均生活费用的变化。它们有各种名称,如零售物价指数(RPI)和消费者物价指数(CPI),这些都是测算通货膨胀的传统手段,并由此来调整薪酬福利指数。因此,公民们都希望这些量度高一些,而政府却想让它们偏低一些。

一种用于计算价格指数的办法就是取一组货物的价格的平均值,即将几项价格相加,再除以价格的项数。这就是统计学家们所谓的算术平均值,或者简单说"平均数"。通常,人们会想看事物随着时间变化的规律,比如,买同样一篮商品的花销每月是增加还是减少了?于是,可以用去年的平均值除以今年的平均值进行比较。如果结果大于1,价格就下降了;而小于1,就说明价格上涨了。这很简单,但有没有什么隐蔽的问题呢?

假设有个家庭习惯性每周买固定数量的牛肉和鱼。后来,牛肉价格翻倍了,鱼没变。如果他们仍然买同样多的牛肉和鱼,用于买牛肉和鱼的开销就是以前的 1.5 倍,增加了 50%。价格变化的平均值为 $(1+2) \times 1/2 = 1.5$,其中 1/2 指除以产品的种类数(两种:鱼和牛肉),1 是鱼类价格变动的系数(保持不变),2 是牛肉价格变动的系数(翻倍)。

这 1.5 的通货膨胀系数,即比之前增加了 50%,一定会成为头条统计数字,但对于不吃肉类(也就不吃牛肉)的家庭,这个数字就毫无意义了。如果他们只吃鱼,他们每周的账单也不会有什么变化。这个通货膨胀系数是所有家庭饮食选择结果的平均值,它是基于对人类心理的一个假定前提:即使买牛肉的花销相对于鱼类增加了,这个家庭还会继续吃同样多的牛肉和鱼。实际上,人们可能会有其他反应,会调整要买的鱼和牛肉的数量,这样就跟以前一样对每种食品花同样的钱。也就是说,他们以后会少买点牛肉,因为牛肉价格涨了。

假定在价格发生变化时,人们仍保持之前花费在各种商品上的预算,那么这种简单的算术平均价格指数就不适用了,而应该换另一种平均数。

两个量的几何平均值等于它们乘积的平方根。[①] 在牛肉价格发生改变而鱼类价格不变的情况下,几何平均价格指数为:

$$\sqrt{\text{牛肉新价/牛肉旧价}} \times \sqrt{\text{鱼类新价/鱼类旧价}} =$$

$$\sqrt{2} \times \sqrt{1} = 1.41。$$

有趣的是,对于这两种通货膨胀估算值来说,几何平均值绝不会超过算术平均值[21],所以政府当然喜欢几何平均值[②]——它显示的通货膨胀系数较小。这也就意味着,最终工资增长和社会保障福利的增长指数也就较小。

几何平均值还有另外一个好处,就是它很实用,而且没有争议。计算通货膨胀率需要比较不同时期的指数。如果用算术平均值,你就要算出 2008 年和 2007 年两年算术平均值的比值,看看 2008 年的各类物价分别比 2007 年高出多少。

---

① 一般说来,$n$ 项的几何平均值就是它们乘积的 $n$ 次方根。——原注
② 1999 年,美国劳动局将消费物价指数由算术平均值改为几何平均值。——原注

但是,算术平均值涉及用不同单位计量的不同物品的相加,这些单位有:英镑/千克、英镑/升等,某些物品以单位质量计价,而某些物品则以单位体积计价。这样的混合就会出现问题,为了计算算术平均值,需要将它们加起来,如果不同商品计价的单位不统一,就完全不能计算了。与此不同,几何平均值有一个很好的特征:随你使用什么计价单位都可以,只要对 2008 年和 2007 年同一商品的价格使用相同的单位。计算通货膨胀系数时,如果用 2008 年的几何平均值除以 2007 年的几何平均值,所有这些不同的单位都抵消了,因为分子和分母上的单位完全相同。因此,得出的就是一个纯粹的平均指数。

# 无所不知也麻烦

假设你什么都知道——不过，可真没那么容易。那就想个合理些的，假设任何你想知道或者需要知道的，你果真全都知道。这听起来也有点让人肃然起敬了：你知道下周的中彩号码，乘哪辆列车不会晚点，哪支球队会赢得这场大型足球赛。拥有所有这些知识确实有很多好处，然而生活中少了一些惊喜，也就可能了无生趣。

关于无所不知，有一个奇怪的悖论：不知道还好，一旦什么都知道，将会更惨。假设你在看"胆小鬼"玩的冒失鬼游戏，其中的两个特技飞行员驾着飞机高速飞向对方（就像是没有马和长矛的空中争斗），最后飞机先偏向一侧的那个飞行员输了。在这个游戏中，飞行员需要什么技巧呢？如果他不偏，而对方也采取同样的手段，就会两败俱伤，无人获胜。如果他每次都偏，那他从来都不会赢，最多是平局——当对手也同样偏开的话。很明显，每次都不让飞机转向是唯一能够确保失败最少的方法。一些时偏时不偏的混合招数是会赢几盘，但最终会造

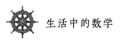

成死亡——除非一方不偏时,另一方就偏。如果两方想法都相同(各方都独立思考,并不知道对方的决定),他也会跟你采取同样的策略。

现在,来跟一位无所不知的对手玩这个游戏吧,他知道你将会采取什么策略。因此,你应该选择坚决不偏。知道了你的战术是从来不偏,他就会选择每次都偏。这位无所不知的飞行员永远都赢不了!

这个故事也适用于间谍世界。如果你在窃听敌方的谈话,而他们也知道你在偷听,那你的无所不知可就要将你置于不利地位了。

# 为什么人类不是越来越聪明

上帝帮助我寻找真理，并保护我免受自以为找到了真理的那些人的迫害。

——英国祈祷文

当天文学家思索地球之外奥妙无穷的自然界时，当生物学家想象人类在未来会比现在更聪明时，他们都认为智力的增加是件好事。进化过程增加了那些有利于生存和繁衍的特征遗传下来的可能性。我们很难想象，有哪个物种的平均智商会比我们人类更高。

如果曾经管理过一群智力超常的人，你就不会这样想了。如果你是一位大学的系主任，或者是一位编辑，要负责一本多人合著的书，那你就常常面临这种挑战。在这类情况下，你很快会意识到，高智商常常会伴随着个人主义、过于独立思考、各执己见互不相让等倾向。或许，在智力的进化初期，与他人相处、相互合作而非争斗的能力更为重要。如果智力现在就迅速发展到了超人类的水平，岂不成了社会灾难？而在处理一些可预见的灾难时，低水平的平均智商也会酿成大祸。所以，在一个特定的生命环境中，要实现最为长久的生存，应该有一个最佳智力水平。

# 地铁来客

艺术必须要能打动你,而设计不必,除非要设计的是一辆公共汽车。

——霍克尼(David Hockney)

一次,我看见两名游客拿着一张地铁地图试图找到伦敦中心大街。这虽然比手上拿着一张白板好一点点,但还是派不上什么用场。伦敦地铁地图确实功能性很强,艺术设计也很美,但它有一个特点令人讶异:它标注的站点地理位置并不准确。它其实是一份拓扑地图:它准确显示了各个站点之间的链接,但为了审美和实用效果而改变了它们的实际位置。

这种地图最先由贝克(Harry Beck)创制,用于伦敦地铁的管理,当时他还是一名电子专业出身的年轻制图员。地铁最早出现于 1906 年,但在 1920 年代其商业操作出现了问题,主要因为从伦敦郊区到中心城区路线太远并且错综复杂,尤其是要转乘其他车次时更是麻烦。一张地理位置精确的地图看上去也是混沌一片,因为伦敦市内的街道历经几百年而没有任何总体规划,如今仍是杂乱无章。伦敦不是纽约,更不是巴黎,它没有一个简单的整体街道规划。人们烦恼不已。

贝克于 1931 年制作了这份雅致的地图,尽管最初遭到铁道宣传部和地铁公司总经理皮克(Frank Pick)的拒绝,但它一经试用就解决了诸多问题。不同于以前电子线路板似的交通图,它只用了水平、竖直和45°的线条。最后画上了标志性的泰晤士河,用一种简洁的方式表示中转站,并改动了伦敦市郊的地理位置,让里克曼斯沃思、莫登、阿克斯布里奇和柯克福斯特等偏远地区看上去离伦敦市中心近一些。在接下来的40年中,贝克不断修正改进这张地图,增删新老线路,始终追求清新简洁的效果。他将其称作伦敦地铁图解,或者直接叫作"图解",以便将它区别于传统地图。

贝克的这份经典设计是第一份拓扑地图。可以通过拉伸或扭曲来随意改变它,但始终不会破坏各站点之间的连接。假如它是画在一张橡胶纸上,你就可以随便拉扯或拧绞,只要不将它弄破。拓扑地图的深远影响主要在社会学和制图学方面,它重新界定了人们对伦敦的认识。它将偏远地区画进了地图,让那里的居民感觉到自己离伦敦市中心其实并不远。它甚至标出了各个区域的房价。对于我们大多数人来说,它就是伦敦"最真实"的样子。

贝克新颖的思想不无道理。在伦敦的地铁站,你根本不需要知道自己在哪儿,就跟走路或坐公交一样。唯一重要的是,你从哪里上下车,怎样转乘其他路线。将偏远地区向市中心拉近不仅让伦敦市民感觉到更大的凝聚力,而且有助于制成一份清晰而平衡的完美图解,并可以将它完好地画在一张小巧便携的折叠纸上,装进口袋。

# 数 字 皆 有 意

世间万物都有其美好的一面。

——史蒂文斯(Ray Stevens)

数字是无穷无尽的。最小的数字,如 1,2,3,常被用来描述生活中最小的数目,如儿童、车或是购物单上物品的数目。其实,有很多词语都可以表示特定群体中较小的数目,比如,俩、双、副、对、二重唱、两人游戏等。这表明,它们的起源早于我们的十进制。貌似这些小小的数字每个都有意义:1 是最小的正整数;2 是最小的偶数;3 是前两个数字之和;4 是第一个非素数,它可被除自身之外的另一个非 1 数整除;5 是一个数的平方($2^2$)加 1 的总和。以此类推,慢慢地,你会发现所有的数字全都有一定的意义,没有哪个数字在舞台上会像壁花一样被冷落。

你能证明吗? 当然可以,你可以像论证其他数学题一样解决这个问题。首先假设这个命题的反面是正确的,再由此推导出与之相矛盾的结论,从而证明你开始的假设是错误的。这就是国际象棋最基本的开局让棋法:一方先送给对手一颗棋子,一旦对方接了,后面获胜机会就大多了。之所以称它为开局的基本方法,是因为通过这种合理的开局让棋法不是单单牺牲一颗棋子,更是为了赢得整局棋。

假定存在一些无意义的正整数，我们将它们放在一起。如果存在这样一个集合，那它一定会有一个最小的数，但这个最小数是有意义的：它是最小的无意义的数。这就跟最初的"存在无意义的数"这一假设相矛盾。因此，我们最先的假设——"存在无意义的数"——是错误的。故所有的数字都有意义。

为了证明这一命题，让我们来看一个数学家们熟知的故事。英国数学家哈代（Godfrey Hardy）去伦敦的一家医院看望他的朋友、印度著名数学家拉马努金（Srinivasa Ramanujan）。在去往伦敦的出租车上时，哈代注意到出租车车牌号为1729。他可能还思考了一小会儿，因为他来到拉马努金的病床边时，连问候还没有说就对这个数字发起牢骚来，抱怨说"它太无趣了"，还说希望这不是一个不好的兆头。"不，哈代，"拉马努金说，"它是一个非常有趣的数字，因为它是可以用两对两个整数的立方和来表示的最小数。"①为了纪念这次偶然发现，现在人们将这类数字称作"出租车数字"。

---

① 因为 $1729 = 1^3 + 12^3 = 9^3 + 10^3$。这类例子中，必须为正数的立方。如果也可以用负数，那么最小的这类数字就是 $91 = 6^3 + (-5)^3 = 4^3 + 3^3$。——原注

# 将自己加密

您所拨打的号码是空号。

——意大利电话空号的语音提示①

　　在 16 和 17 世纪,杰出的数学家们发表自己的研究成果时通常会加密。这对于现代的科学家来说好像很不可思议,因为他们现在非常高调,大声嚷嚷着自己第一个发现了什么,希望得到认可。其实,这些早期的科学家那样做不无道理,他们想独享自己的"独门绝技"。因为利用一种新的数学"诀窍"研究出新成果并发表在奠定自己作为发现者地位的同时,也同样泄露了这一诀窍,这样其他人就会运用该诀窍研究出其他甚至是更重要的成果来击败你。你有一种选择:先不要声张,不要早早宣布自己最先发现了什么,为自己争取时间,以便更为细致地研究其他可能性——这就要冒着别人也发现并先你一步发表该研究成果的风险——或者你可以发表一部加密的版本。假设无人可以解密,你的新诀窍也就不会被人发现和利用,而如果别人也发表了你已经发现的成果,那你可以通过解密来证明这些你早就已经发现。这确实不太光明正大。需要尽快声明的是,

----

① 意大利语即"Il numcro selezionato da lei è inesistente"。——原注

在当今的科学和数学领域,没有类似的行为,而且一旦出现,大家一定会群起而攻之。然而,这种现象在文学界仍然存在。如讲述比尔·克林顿竞选总统内幕的政治小说《本色》(*Primary Colours*),其作者起初就不愿透露姓名,用的是笔名,这似乎是一个两全其美之策。

假设今天你也想用类似的方法来加密自己的身份,怎样使用简单的数学方法呢? 选两个较大的素数,如 104 729 和 105 037(确实有其他更大的达几百位的数字,但这两个就已经足够大,可以说明问题了),将其相乘得到 11 000 419 973。顺便提一下,别太相信你的计算器,它可能无法处理这么大的数字,最终会将结果约成某种整数——比如我的计算器就计算错了,它计算的结果是 11 000 419 970。

现在,我们回到秘密发表的问题。你想要发表成果,又不公开个人身份,但又要用一个隐秘的"署名",这样将来某一天可以证明那是你写的。你可以在要出版的书的封面印上这两个素数的乘积 11 000 419 973。你自己知道这两个乘数,并能很快将其相乘证明是你的乘积"密码"。而如果其他人用了 11 000 419 973,他们就很难找到这两个乘数。如果你选择了两个各有 400 位的超大素数,那别人要找到这两个乘数,即使用一台功能强大的电脑,也要花上一辈子。要破解我们的密码当然可能,但没必要使用数位过长的数字来加强安全级别,它只是更花时间罢了。

这种乘法和分解乘数的运算就是一例"陷门"运算(参见第 27 篇),就像掉进了陷门一样进去容易出来难,它的正向运算又快又简单,而逆向运算就要费尽周折累死人。还有一个更复杂的地方要用到两个素数相乘,就是当今世界范围内广泛运用的商业和军事密码。比如,你在一个安全的网站进行网上购物时要输入信用卡卡号和密码,这些数字就是由很大的素数复合而成的,它们被传输到公司后通过素数分解来解码。

# 滑冰场上的悖论

正餐之后,西德尼·摩根贝莎还想来点甜点。服务员告诉他只有苹果派和蓝莓派两种选择,他就点了苹果派。几分钟后,服务员返回来说她们还有草莓派,于是摩根贝莎就说:"这样啊,那我就点蓝莓派吧!"

——学术传奇

在作选择或投票时,人们理所当然会认为:如果我们在所有选项中选择了K,然后有人来告诉我们还可以选Z(他们一开始忘了说),这时我们可能会坚持选K或者改选Z。而如果最终改成其他选项,似乎不大合乎情理,我们怎么会选择第一次选K时否定掉的选项呢?新增加的选项是如何改变其他选项的排名呢?

"这种情况不能发生"这一观点在人们的思想中根深蒂固,以至于大多数经济学家和数学家在设定选择制度时用硬性规定将其排除在外。然而,我们知道,人类的心理并不完全遵从理性,有时无关紧要的选项就能改变我们的选择顺序,就像西德尼·摩根贝莎点水果派一样(当然,他自己可以看出最终的选择顺序有问题)。

有一个众所周知的例子。有一种交通制度鼓励人们乘坐红色巴士,用以取代当时普遍使用的小汽车。很快,几乎半数的人都开始乘坐红色巴士,而另一半人仍然坐小汽车。接着,又开始鼓励人们乘坐蓝色巴士。我们可能会预计,将有1/4 的人乘坐蓝色巴士,1/4 坐红色巴士,还有一半的人继续坐小汽车。他们为什么会介意巴士的颜色呢? 实际情况是,确实有 1/3 的人乘坐红色巴士,1/3 的人乘坐蓝色巴士,只剩 1/3 的人坐小汽车!

这里还有一个著名的例子。毫不相干的选项确实对某个判断过程起了作用,并最终产生了不可思议的结果——人们居然放弃了此判断过程。这件颇富争议的事发生在 2002 年冬季奥运会的花样滑冰比赛中,根据当时的裁判结果,年轻的美国选手休斯(Sarah Hughes)击败了最受欢迎的关颖珊(Michelle Kwan)和斯卢茨卡娅(Irina Slutskaya)。在看电视直播时,可以看到播音员响亮地宣布个人成绩为 6.0 分、5.9 分等。然而,有些奇怪的是,这些分数并不能确定谁胜谁负——它们只是用来给滑冰选手排序的。你可能认为裁判们只要分别将每个选手两个项目(短节目和长节目)的成绩加起来,总分最高的那位就获得金牌。不幸的是,2002 年在美国盐湖城的比赛没有这样计分。在短节目结束后,前四名排序为:

关(0.5)、斯卢茨卡娅(1.0)、科恩(1.5)、休斯(2.0)

裁判依次给前四名自动打出了 0.5,1.0,1.5 和 2.0 分(表现越好,分数越低)。请注意,所有这些漂亮的 6.0 分都被弃之不用了。不管第一名比第二名实际成绩高出多少,她也只得到 0.5 分的优势。在长节目中,也采用了同样的计分制度,唯一的区别就是分数加倍。因此,长节目的前四名分别得 1,2,3,4 分。最后将两项得分相加,得出选手的总成绩。分数最低者获得金牌。

在长节目中,休斯领先,就得到 1 分,而位居第二与第三的关颖珊和科恩分别得到 2 分和 3 分。将所有这些相加,我们看出,在斯卢茨卡娅出场之前,总成绩排名为:

第一名:关(2.5);第二名:休斯(3.0);第三名:科恩(4.5)

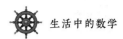

最后,斯卢茨卡娅在长节目比赛结束后排第二,现在长节目的最后成绩为:

休斯(1.0)、斯卢茨卡娅(2.0)、关(3.0)、科恩(4.0)

最终的结果让人大跌眼镜:整场滑冰比赛的冠军为休斯。因为最后的总成绩如下:

第一名:休斯(3.0);第二名:斯卢茨卡娅(3.0);第三名:关(3.5);第四名:科恩(5.5)

休斯的名次排在斯卢茨卡娅之前,是因为总分相同时,长节目成绩的优势就可以略胜一筹,但这种拙劣的规则带来的影响显而易见。斯卢茨卡娅的成绩使得关颖珊和科恩的排名发生了很大的变化。在两人的比赛结束后,关颖珊还排在休斯前面,但斯卢茨卡娅的出现让她落在了休斯后面!关颖珊和休斯相比谁更优秀,怎么能取决于斯卢茨卡娅的表现呢?但无关选项的悖论裁定它可以。

# 平分定律

历史就是一件接着一件的破事。

——福特(Henry Ford)

无穷是一件很复杂的东西,数千年来一直困扰着数学家和哲学家。一个无穷数列的总和可能无穷大,可能无限接近某个确定的数,也可能没有固定值。就在刚才,我作了一个关于"无穷"的演讲,其中用到了一个几何级数:

$$S = 1/2 + 1/4 + 1/8 + 1/16 + 1/32 + 1/64 + \cdots$$

以此类推,一直加下去,式子中的每一项都是前一项的 $1/2$,最终它们的总和 $S$ 等于1。听众中一名非数学家人士问我能不能证明一下。

凑巧,有一种很简单的证明方法,只需画一个图即可。画一个尺寸为 $1 \times 1$ 的正方形,其面积为1。现在,从正中间画一条竖线将其等分成两个矩形,面积均为1/2。再将其中一个矩形再等分,这两个较小的矩形每个面积就为1/4。接着将这两个更小的矩形平分,得到面积均为1/8的两个小矩形。不断重复此操作,让后一个矩形面积为前一个的一半,如图1所示。最开始的那个正方形被不断分割,形成的小块面积大小成为一个无穷数列。正方形的总面积等于每次分割时未动的所有小块的面积之和,而它们的面积之和刚好等于上面的几何级数

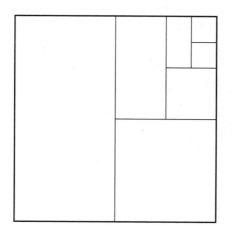

图 92.1 　一种证明方法

之和 $S$。因此，$S$ 等于正方形的总面积 1。

　　我们第一次遇到像 $S$ 这样的级数时，通常会用另外一种方法来计算其和。我们发现，每一项都是前一项的一半，因此，将等式两边分别乘以 $1/2$，得到：

$$S/2 = 1/4 + 1/8 + 1/16 + 1/32 + 1/64 + \cdots$$

　　但是，我们发现，等式右边的级数相当于原来的级数 $S$ 减去第一项，即减去 $1/2$，则有 $S/2 = S - 1/2$，由此可同样得出 $S = 1$。

# 隔离与微观动机

世上明显的事太多,反而没人能发现。

——《巴斯克威尔的猎犬》(*The Hound of the Baskervilles*)

中福尔摩斯如是说

社会中很多不同的群体之间都存在严重的隔阂,原因多种多样,种族、民族、宗教、文化和经济等。有些情况下,一个群体对另一个群体的排斥是高调的,而有些情况看上去似乎没有明显的隔阂,而且这些不同群体当他们生活在各自的活动范围内时能很好地相安无事。但是,这种个体化的倾向不利于养成良好的集体行为,因为众多个体的选择会相互影响。科学家们将研究大量事物集体行为所用的一些统计方法用于研究人群时,却发现了一些很简单的却未曾预料到的事实。

1978 年,美国政治科学家谢林(Thomas Schelling)决定研究美国人的种族隔离是怎么出现的。很多人认为,它仅仅是种族的不宽容性造成的。有些人认为,将各种群体随机混在一起,就可以消除这种种族隔离了。令人吃惊的是,虽然在调查提问时,很多居民似乎对其他种族相当宽容,但实际情况是,种族隔离已经深入到了不同种族的子群体之中。谢林在对电脑模拟的虚拟社会进行数学研究时发现,是轻微的不平衡最终造成了完全的隔离,而不是人们普遍接受的那些原因。假设有一个家庭可能会因为与三户邻居中的一家不和而搬家,但也会因为与五户邻居中的一家相处和睦而留下。在这种情况下,随机将某方面(如种族、宗教、阶级)不同的两种家庭(如"蓝"和"红")混合在一个群体中,会导致两极分化越来越严重,并最终完全分化成一个全蓝和一个全红的群体,就像油和水的混合物一样①,在它们之间有缓冲区。在一个红占主导的红蓝地带,如果更多的蓝迁出就会造成蓝在别处占主导的情况,这样处于蓝新近占主导地带的红就会迁出,诸如此类。这种迁移的目的地通常是迁移者同类的高聚集地。不同地带的边界处通常是敏感地带,因为单个的迁移者就可能颠覆之前的平衡。让这些边界地带空出来,在隔离的群体之间形成缓冲区,才会更稳定。

这些简单的观点非常重要。它们表明,在混合群体中,严重的隔离实质上在所难免,但并不意味着强烈的不宽容性。隔离不一定指偏见——尽管它可以表示偏见,就像美国、罗德西亚(现为津巴布韦)、南非和南斯拉夫(已经不存在)等国的情况一样。最好在不同群体之间建立紧密的联系,而不要刻意阻止群体的形成。宏观行为是由没有定势的微观动机塑成的。

---

① 实际上,研究这个简单的例子时不能太钻牛角尖。因为,如果反复的冻结和解冻致使水中溶解的空气逸出,水就能顺利和油混合。——原注

# 不随波逐流

对那些浮于表面的人来说,电子邮件真的很棒。但对于我来说不是,因为我要深入事物的本质。

——克努特(Don Knuth)

在上一篇中,我们看到了一种集体行为:没有哪个个体希望自己属于极少数群体,但并非所有情况都是如此。如果你想抛开一切出去旅游,到一个风光旖旎的海岛度假,你就更愿意成为少数派,而不想跟随大部队。如果你选择"大家"都去的那个食物或音乐都很棒的酒吧,就不得不在外面排上老长的队,进去之后还可能找不到座位,或者再等上一个小时酒菜才能上来,最终可真是乘兴而至,败兴而归,而到一个人少点的地方就会好很多。

这就像是在玩一个少数派"赢"的游戏。限定几个地方,通常去这些地方的平均人数都差不多,但人数在平均人数附近的波动范围很大。为了减小这种波动,集中寻找一种更有效的策略,就需要利用这些地方过去的客流量信息。如果只试着猜测顾客们的心理,那你可能会犯一个惯错——自命不凡。你以为其他很多人不会由于同样的原因跟你作出同样的选择,别人每个晴朗的周日下午都会去河边散步。

如果只有两个地方可供选择,那么根据各人过往的经验,最佳的策略将越来越接近于每个地方分别会有一半人去,所以平均而言,没有哪个地方更受欢迎或哪个不受欢迎之说。起初,平均人数附近的波动很大,你可能想去人少的那个地方。随着时间的流逝,你就有越来越多的过往经验,便利用它们来估计这些波动何时会出现或者会不会出现,然后再作出相应的选择,去人少的地方。如果大家都这样想,这个地方的人流就会一直保持在平均水平,而在其附近的人流的波动会稳步减小。此种情况的最后结果就是,有些人坚信自己的记忆和对过往经验的分析,而还有一些人则不会,或者只在不得不作出决定时才想起以前的经历。这样,人们就会分成两组:一组完全依赖过往经验;另一组只考虑当下。由于作出错误决定的负面后果(吃不上饭,浪费一晚上的时间)远远超出正确决定的积极作用(更快吃上饭,舒适的夜生活),人们会更加谨慎以避免作出错误决定。从长期来看,人们通常会两边下注,以相同的概率选择到每个地方。采用较冒险的策略会导致失远大于得,这时可要小心,它绝对不是一个团队的最佳决策方式。要知道,并不是所有吃饭的地方都客满为患。

# 维恩图的故事

世界上有两种人：一种人认为世界上的人可以分为两类，另一种则不以为然。

——无名氏

维恩（John Venn）来自英格兰东部的赫尔渔港附近，跟众多有望成为数学家的人一样，他于1853年进入剑桥大学的康韦尔科斯学院。他以优异的成绩从数学系毕业后，被选入一个学院给研究员代课。离开学院四年后，维恩于1859年被任命为牧师，继承了他杰出的祖父和父亲（英国国教福音派的著名人物）的衣钵。然而，他最终选择离开这条已经铺就的神职之路，于1862年回到康韦尔科斯学院教授逻辑学和概率学。除了与概率、逻辑和神学方面的接触，维恩还是一个动手能力很强的人，十分擅长于机器制造。他曾制造了一台用来击板球的机器，性能良好，1909年澳大利亚板球队在剑桥大学进行巡回比赛时，它连续四场都为其中的一名队员完美击球。

而维恩的真正闻名之处，在于他讲的逻辑和概率课。1880年，他在讲述逻辑概率时引入了一种简便的图表。很快，这种图表就取代了伟大的瑞士数学家欧拉（Leonard Euler）和剑桥逻辑学家、维多利亚时代超现实主义作家卡罗尔（Lewis Carroll）等人提出的各种方法。1918 年，该图最终被称作"维恩图"。

维恩图利用空间区域表示概率。下面这个简单的维恩图表示了两个集合所有可能的关系。

如图 95.1 所示，假设 $A$ 是所有褐色动物的集合，$B$ 是所有猫的集合。那么中间重合的阴影线部分就包括了所有褐色的猫，$A$ 中不和 $B$ 相交的部分表示所有除猫以外的褐色动物，$B$ 中不与 $A$ 相交的部分表示除褐色猫以外的所有的猫，$A$ 和 $B$ 之外的所有区域则表示除褐色动物和猫以外的所有事物。

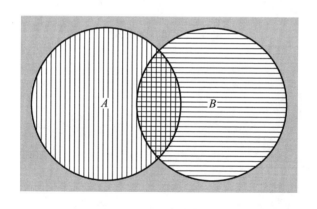

图 95.1　维恩图示例一

这类图被广泛用于显示各种可能性。但是，使用维恩图时一定要非常细心——前提条件是一定要画在两维的纸上。如图 95.2 所示，有 $A,B,C,D$ 四个圆，表示 $a,b,c$ 和 $d$ 之间的三人友情的集合。$A$ 区表示 $a,b,c$ 相互之间的友情，$B$ 区表示 $a,b,d$ 的友情，$C$ 区表示 $b,c,d$ 的友情，$D$ 区表示 $c,d,a$ 的友情。在这个类维恩图中，$A,B,C,D$ 四者相交于一片子区域，也就是说四者重合的这一部分包含同时与 $A,B,C,D$ 交好的人，但实际上却不存在这样一个同属于四个集合的人。

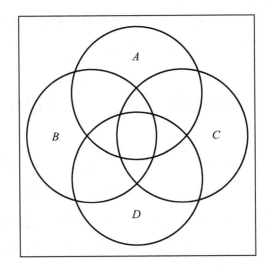

图 95.2　维恩图示例二

# 无理之美

神秘主义所研究的原命题等于其否命题。西方观点认为,所有这类命题的集合是空集。而东方观点认为,当且仅当其为非空时,它才是空集。

——史慕扬(Raymond Smullyan)

复印远远不止看上去那么简单。欧洲的复印有一个非常棒的特点,人们都习以为常了:将两张 A4 纸正面朝下并排放置在复印机上,这样你就能节约纸张——每张 A4 纸一面一面依次印出来;节省下来的纸张空白部分非常精准,在最后一面复印纸上没有任何芜杂的边边角角。如果是在美国,用两张标准美国信纸大小的纸试试,结果就大为不同。那么这之间有什么问题呢? 它又跟数学和无理数有什么关系呢?

国际标准纸张尺寸(如图 96.1 所示,其中包括 A4)的规定,最初源于德国物理学家利希滕贝格(Georg Lichtenberg)1786 年的一个小小发现。所有 A 系列纸张的尺寸都是下一级最大纸张面积的一半,因为它们长度与上一级相同,而宽度只有一半。因此,将两张纸并排放置,就能形成上一级尺寸的纸张:比如,两张 A4 纸张就能拼出一张 A3 的纸。设长为 $L$,宽为 $W$,那么必须保证 $L/W = 2W/L$,则有 $L^2 = 2W^2$,那么长与宽就跟 2 的平方根(一个约等于 1.414 的无理数)成比例，即 $L/W = \sqrt{2}$。

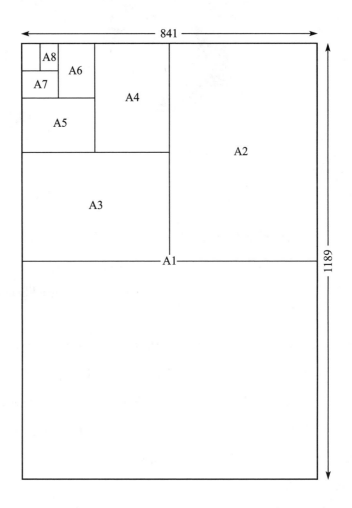

**图 96.1　国际标准纸张 A 系列尺寸图纸（单位：毫米）**

　　每张纸长度与宽度的这个无理数比值叫作纸张的"纵横比"，它是 A 系列纸张的定义特征。最大的纸张是 A0，它的面积为 1 米$^2$，则其长宽分别为 $L(\text{A0}) = 2^{1/4}$ 米、$W(\text{A0}) = 2^{-1/4}$ 米。根据纵横比，A1 纸的长宽分别为 $2^{-1/4}$ 和 $2^{-3/4}$，面积只有 $1/2$ 米$^2$。继续沿着这个模式算下去，你会发现，对于 $AN(N = 0,1,2,3,4,$

5,…)的纸张,其长宽分别为:$L(AN) = 2^{1/4 - N/2}$,$W(AN) = 2^{-1/4 - N/2}$。这样一来,一张 AN 纸张的面积为长宽的乘积,即 $2^{-N}$ 米$^2$。

纵横比还可以选择除了 $\sqrt{2}$ 之外的任何值。如果你选择被历代数学家和建筑学家都钟爱的黄金比例,就要求纸张尺寸 $L/W = (L + W)/L$,则有 $L/W = (1 + \sqrt{5})/2$。不过,在实际操作中,这并非明智之选。

如果我们再回到复印机上来,纵横比 $\sqrt{2}$ 之美就愈加明显了。它意味着你可以将一面 A3 纸或者并排放置的两张 A4 纸的内容,缩印到单独一张 A4 纸上,而且不会留下空白。你会发现,复印机控制板会将 A3 纸上的内容缩小到 70%(如果更考究的话,可能是 71%)的 A4 纸上。原因就在于:0.71 约等于 $1/\sqrt{2}$,刚好适合将一面 A3 或两张 A4 纸缩印至一张 A4 纸。而长 $L$ 和宽 $W$ 分别缩小至 $L/\sqrt{2}$ 和 $W/\sqrt{2}$,则面积 $LW$ 就缩为 $LW/2$,这跟将任何 AN 尺寸的纸缩小至更小一级所需的一样。以此类推,要想放大,复印机控制板上显示的数字为 140%(有些是 141%),因为 $\sqrt{2}$ 约等于 1.41。这种固定的缩小和放大纵横比还有一个好处,就是其中的图表形状相对不变:即使在 A 系列纸上它们的大小发生了变化,但正方形不会变成矩形,圆形不会变成椭圆形。

而在美国和加拿大,情况就不同了。美国国家标准研究所采用的纸张(如图 2 所示)尺寸是以英寸计量的,因为按照它们的界定,信函用纸 A 为 8.5 英寸①×11.0 英寸,法律用纸 B 为 11 英寸×17 英寸,行政用纸 C 为 17 英寸×22 英寸,账簿用纸 D 和 E 分别为 22 英寸×34 英寸和 34 英寸×44 英寸。它们有两种不同的纵横比:17/11 和 22/17。如果想在纵横比不变的情况下合并纸张,就需要跳过两种尺寸的纸张,而不止一个了。因此在复印时,如果要将两张大小相同的纸张缩小或放大至上或下一级尺寸的纸张,就一定会在复印出来的纸张上

---

① 1 英寸 =2.54 厘米。——译注

留白。在美国进行扩印或缩印时,必须通过变换纸匣来搭配纵横比不同的两种纸,而世界其他地区使用$\sqrt{2}$纵横比就简单多了。有时候,用上一点无理数还是有好处的。

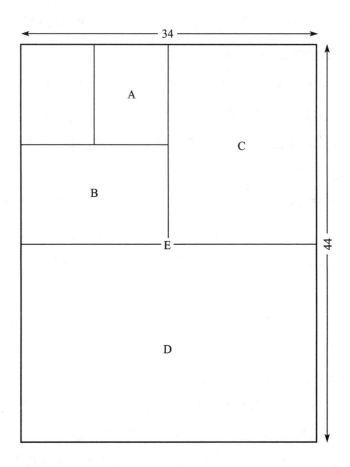

**图96.2　美国国家标准研究所纸张尺寸图纸(单位:英寸)**

# 美 德 可 用 公 式 算

决心加行动乘以计划等于生产力减去所拖延时间的平方。

——扬努齐(Armando Iannucci)

在某些领域,数学已经成为一种重要的符号被很多人滥用,而根本不考虑是否合适。仅仅因为可以用一些符号来重新表达一些词,并不足以说明我们的知识就增加了。说"三只小猪"就比定义所有的猪的集合、所有三胞胎的集合以及所有小动物的集合,然后再取这三者的交集更有用。第一位踏上这个冒险之旅的就是苏格兰的哲学家哈奇森(Francis Hutcheson),他后来成为格拉斯哥大学一名优秀的哲学教授,并以该研究见长。1725 年,他想计算个体行为的美德。我们知道,牛顿成功地利用数学来描述物理世界,给后世带来了深远的影响,其他各个领域的人们都纷纷模仿并推崇他的方法。哈奇森提出了一个普适公式来评估我们行为的美德或善恶度:

美德 =(公共利益 ± 个人利益)/天生行善能力

哈奇森的这一美德公式有不少喜人的特点:如果两人天生行善能力相同,那么创造出公共利益越高的人就越伟大。同样,如果两人创造的公共利益相同,那么天生行善能力越弱的人道德就越高尚。

哈奇森公式中的另一要素——个人利益,能够起到促进或削弱(±)美德的效果。如果一个人的行为对公众有利,但损害了自身利益(比如,无偿地做慈善工作,而没有去做有报酬的工作),那么他的美德就增强了(公共利益＋个人利益)。而如果他的行为同时对公众和他自身都有利(比如,他们发起倡议阻止一场不良房地产开发的同时,获得了自己和邻居两者的利益),那这种行为的美德就削弱了(公共利益－个人利益)。

哈奇森没有用数值米表示公式中的一些量,但如果需要,就可以设置。这个美德公式实际上并不能帮你什么忙,因为它没有揭示出新的东西。一开始,所有信息都一拥而上同时包含在这个公式中。想要调整美德、个人利益和天生行善能力的计量单位,全凭主观想法,没有任何度量可预测。不过,这个公式还是用了一种简便快捷的方式表达了用很多词语才能表达的意思。

令人惊奇的是,两百年后,哈奇森的理论空想再次重现,痴迷于量化审美问题的美国著名数学家伯克霍夫(George Birkhoff)开始了一项极具吸引力的计划。他长期投身于自己的事业,研究如何将音乐、美术和设计中吸引我们的东西量化。他研究了来自多种文化的案例,他的《美观程度》(Aesthetic Measure)一书引人入胜。最引人注目的是,他将这些融合于一个简单的公式,跟哈奇森如出一辙。伯克霍夫认为,美观度取决于规则度与复杂度之比:

美观度 = 规则度/复杂度

伯克霍夫着手研究如何客观计算特定样式和形状的规则度与复杂度,并将其运用于各种花瓶形状、砖瓦样式、雕带和图案设计。当然,跟其他所有的美观评估一样,它不能将花瓶和油画两种不同类的艺术品拿来比较。要想使这种比较成为可能,必须处于一种特定的媒介和形式当中。关于多边形的形状,伯克霍夫提出,四种不同的对称方式出现是否会影响规则度的大小,某些让人不中意的因素可以加减一定值(如1或2),这些因素包括顶点之间的距离太短,或内角过于接近0°或平角,或不对称等。规则度的最终结果是一个不大于7的数。复杂

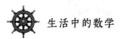 

度是由直线(至少包括多边形的一边)数量来决定。因此,对于一个正方形来说,复杂度就是4,对于一个如图97.1所示的罗马十字架,就是8(四条横线加四条竖线)。

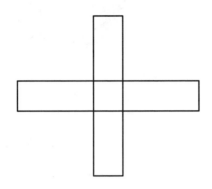

图97.1　罗马十字架示意图

　　伯克霍夫的公式有一个好处,它可以利用数来表示美观元素,但不幸的是,美学的复杂度太宽泛,并不是这样一个简单公式就能完全包括的。跟哈奇森粗略的量化相比,该公式无法找到一个普遍适用的量度。现代的不规则模型以其不断重复且越来越小的样式,吸引了很多人(不仅仅是数学家)。如果人们将伯克霍夫的公式运用于这些不规则样式,那么虽然它们的规则度不会大于7,但随着这些样式分级越来越小,它们的复杂度也越来越大,最终的美观度很快就接近于零了。

# 混 沌

> 其他国家的未来不可预知,而俄罗斯的过去不可预知。

——阿法纳谢夫(Yuri Afanasiev)

混沌常出于未知。随着时间的流逝,对当前形势的一点点未知就会快速增长恶化,而且不是跟时间同步,而是以两倍于时间的速度疯长。在这种情况下,就出现了混沌。最为人所知的一种情况就是天气。很多时候,英国天气是没办法精准预测的,不是因为我们预测能力差或是有些未知的特殊气象状态未被物理学家发现,而是因为我们对于当前天气状况没有完备的信息。我们在部分地区每隔100千米的地方都设有气象站,在海上也有,都会定期测量。然而,各个气象站之间,天气还有大量的变动。气象办公室的电脑必须模拟出一种介于两两气象站之间的天气来推断。不幸的是,推断时的微小偏差常常就会导致未来天气预报的结果大有不同。

1970年代,当科学家们开始用上廉价的个人电脑时,他们便开始广泛研究这种未来对于现在的敏感度问题,并称其为"混沌",用以表现起初貌似无害的苗头,由于一些微小的不确定因素的影响而迅速增长,最终很快造成难以预料的后果。电影《侏罗纪公园》就是这样,一个小小的错误造成了恐龙的杂交,一个破碎的试管酿成了一场巨大的灾难,并迅速恶化,少量的不确定迅速膨胀至全面的未知。我们眼看着这些问题像滚雪球一样越滚越大,最终失去控制。混沌学家就是这样解释所有这些问题的。

混沌有一个与数学无关的有趣的特征,即我们对书、音乐和戏剧的共鸣。我们怎样评价一本书、一曲音乐或者一部戏剧的优劣? 我们为什么会觉得《暴风雨》(*The Tempest*)比《等待戈多》(*Waiting for Godot*)好看呢? 或者为什么会认为贝多芬的第五交响曲比约翰·凯奇(John Cage)的《4分33秒》(*4'33"*)①好听呢?

有种观点认为,好书让我们读了还想读,好戏让我们看了还想看,好的音乐让人听了还想听。我们想要这样做,是因为它们包含了一点混沌的不可预知性。《暴风雨》导演和演员阵容的一点变动,不同心境下聆听不同的乐队和指挥演奏的同一曲音乐,都会让我们对同一戏剧、音乐和书产生不同的整体感受。而到处赶场随意能欣赏到的艺术就少了这一层质感,环境的改变会极大地影响长期的经验,这是不需要再次证明的事实。混沌正是一种不可避免或不可控制的事物。

有人认为,混沌的可能性是科学的终点。我们对于世间万物常常有某种程度的未知——因为我们没有完备的工具。如果这些不确定的事物快速增长,我们又怎能期望预测或理解它们? 幸运的是,即使在我现在所在的房间里也有很多单个原子和分子在混乱运动,但它们作为整体的一般运动还是可以预测的。很多混沌系统其实都有这种很好的性质,这样我们就可以利用它们的平均量来测算可能发生的情况。即使是在与邻近的分子和其他密度的物体碰撞数次后变得难以预测的单个分子,这些碰撞仍然让其整体状态十分稳定,极易预测。混沌并不是世界末日。

---

① 我常常惊奇地发现,我"透露"它为什么是4分33秒而不是其他数字时,所有跟我谈论这件事的音乐家都像是头一次听说。实际上,凯奇选择273秒作为他声音的"绝对零度",是模仿了温度的绝对零度——-273℃,在这个临界温度下,所有分子都会停止运动。值得一提的是,凯奇曾称这是他最重要的一部作品。——原注

# 全 部 登 机

我不是云的孩子,也没生在飞机上,我不喜欢飞机。我也不像其他人一样傻傻地朝航空业涌,想要当飞行员。

——爱尔兰瑞安航空公司老板奥利里(Michael O'Leary)

如果你曾和我一样,为了登机要排上很久很久的队,那你就知道可以要哪些手段了,而像瑞安这样的廉价航空公司就不在乎,没有预订座位的人都不需要排队,但他们意识到,这样的鼓励措施实际上会让一切秩序变得糟糕透顶,因此他们开通付费"优先登机"。在没有特殊的优惠时,那些带有小孩或行动不便的乘客更会拖延整个登机过程。如果大家都选择优先登机,将会出现什么情况呢?我不知道,但我怀疑这就是航空公司上述主意的最终目的。

商业航空公司有各种方法可以缓解这种登机压力,并减少经济舱乘客的时间延误。大家都有指定的座位,儿童和需要较长时间才能登机的人最先登机。有些公司是按座位号顺序登机,只需在飞机的前部设一个前置入口,坐在后排的人先登机,就不会妨碍其他乘客通行。这些听起来头头是道,可在实际情况中,常常有人为了将自己超大的行李放在头顶上的行李架,而堵住了过道,而坐在过道旁边位子上的人必须站起来让那些靠窗户坐的人进去,每个人都挡在别人的路上。因此，必须采用一个更好的体系。

年轻的斯蒂芬(Jason Steffen)是一名来自芝加哥附近费米实验室的德国天体物理学家，他也赞同这种想法，开始研究不同乘客装载策略的效率。他利用电脑进行简单模拟，这种模拟系统可以根据登机策略作出相应改变，并能增加用于扰乱最佳预设方案的多种随机变数。斯蒂芬的虚拟飞机有 120 个座位，每排可坐 6 名乘客，中间有一条走道，没有商务舱和头等舱。所有的虚拟乘客都提有行李，要存放在座位上方的行李架里。

不难看出，对于只有一个前置入口的飞机，最糟糕的装载方法就是按照座位号顺序从前排乘客开始登机。这样所有乘客不得不提着行李从已经登机的乘客旁边挤过去，才能赶到自己的座位上去。很显然，航空公司会以为跟最糟的方法相对的那个就是最好的登机策略了，即按座位号倒序登机。然而，斯蒂芬的研究却发现，这恰恰是倒数第二慢的登机方法，倒数第一便是顺序登机。即使完全不顾座位号，随机登机，也比这两种情况好多了。不过，最佳登机策略更有条理性：座位靠窗户的乘客先上，然后才是坐在中间和走道旁边的人登机；还要让需要放置行李的人在飞机机身长度范围内分散开来，而不能挤在一块儿。

如果所有偶数排且座位靠窗户的乘客先登机，那么他们前后就各空出一排空道，放行李时也不会堵住他人，大家都能同时放包。如果有人想通过，也有空间可以走。而从后排开始，就再一次避免了要从其他人旁边挤过去。接着就是坐在中间和过道旁边座位的人登机了。然后，奇数排的乘客再登机。

实际操作时，不是每个人都能严格遵循这种策略，比如，小孩子要和父母待在一起，同时他们可能需要最先登机，但无论如何，通过这种基本策略可以节省大量时间。电脑模型显示，经过上百次实验以及各种不同的小变数("问题乘客")检验，这种方法比标准的从后朝前登机的乘客装载策略要快 6 倍。斯蒂芬已经为此申请了专利！

# 地 球 村

试想全人类，分享这世界。

——约翰·列侬（John Lennon）

有时，人们难免会一叶障目，不见泰山。巨大的数淹没了我们的想象。连 100 万都难以想象，更别说 10 亿了。而让事物变小变少，则有助于其更为具体和直接。1990 年，有人画了一张有名的世界版图①，让我们想象如果世界人口减少到只有 100 人的一个村子，所有其他属性也都减少到相应的规模，这时这个村子会是什么样子呢？

这 100 人中包括 57 个亚洲人，21 个欧洲人，14 人来自美洲（包括南北极）和 8 人来自非洲。70 名非白种人，30 名白种人。100 人中仅 6 人就占了整个村子

① 这张地球村的图画由梅多斯（Donella Meadows）于 1990 年首度提出，它是一个有 1000 人的村子。在从广播上获知梅多斯的观点之后，环境保护积极分子科普兰（David Copeland）将人数改成了 100。在 1992 年里约热内卢举行的地球峰会上，他将这个海报分发给了 5 万人。梅多斯最初关于地球村版图报告的事例于 1990 年发表，标题为《地球村都有谁？》（*Who Lives in the Global Village?*）。有一种说法认为，斯坦福大学的教授哈特（Philip Harter）是这一图例的发起人，但实际上他只是在网上转发了梅多斯和科普兰的邮件史料。——原注

59%的财富,这6个人全都来自美国。在这个村子的100人中,有80人的住房环境在标准水平之下,70人不能读书识字,50人营养不良,仅有一人拥有电脑,仅有一人上过大学。这真是一个奇怪的村子,不是吗?

**图100.1 地球村**

# 注　释

"过去我常常很容易就沉浸在一本书或一篇很长的文章中。我的思绪会随着作者的叙述或论证而流淌,或如行云流水,或如峰回路转、柳暗花明,也可以久久漫步于长篇散文之中。而现在却不行了。常常刚看完两三页,我的注意力就涣散了。常会感到烦躁不安,思绪混乱,这时我便停下来找点别的事情做。我觉得自己就像在拼命将不听使唤的大脑朝文章当中拉一样,以往自然而然就宁静专注的深入阅读现在却成了痴心妄想。"

——卡尔(Nicholas Carr)

1. (第 11 篇)假设链条质量分布均匀,单位长度的质量相同,且弹性很好,宽度为零,则函数 $\cosh(\cdots)$ 可表示为指数函数,$\cosh x = (e^x + e^{-x})/2$。

2. (第 21 篇)假设你所能施加的最大加速度为 $+A$,则最大负加速度为 $-A$,且你必须将车从 $x = 0$ 的位置推到 $x = 2D$ 的位置。始于静止,终于静止(起始速度和终了速度都为零)。如果将车从 $x = 0$ 推到 $x = D$ 的过程中加速度为 $+A$,那么你到达 $x = D$ 所需时间为 $\sqrt{2D/A}$,到达速度为 $\sqrt{2DA}$。然后就改为负加速度 $-A$,那么,它通过 $\sqrt{2D/A}$ 这么长时间的减速,最终到达 $x = 2D$ 时速度减为零。根据这种情况的对称性,后半段的减速时间跟前面的加速时间相同。因此,要将车推入

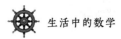

车库总共所需时间为 $2\sqrt{2D/A}$。

3.（第23篇）随机行走是一种扩散过程,符合扩散方程:对于 $y$ 在时间 $t$ 内扩散了一维距离 $x$ 的情况,扩散公式为 $\partial y/\partial t = K\partial^2 y/\partial x^2$,其中 $K$ 是一个常量,表示在介质中扩散的难易程度。通过观察大小,我们得出 $y/t$ 应该与 $y/x^2$ 成正比。因此,$t$ 与 $x^2$ 成正比,所以要走出 $x = S$ 的直线距离,我们需要 $S^2$ 步。

4.（第26篇）这个长度被物理学家们称作"普朗克长度",是以量子理论的奠基人普朗克(Max Planck)命名的,他首次引进了这个长度。这是唯——一个能够由三个重要的自然常量决定的长度。这三个自然常量分别为:光速 $c$,普朗克常量 $h$ 和万有引力常量 $G$。普朗克长度为 $(Gh/c^3)^{1/2}$,它独创性地反映了相对性、量子性和宇宙的引力特征。这个长度单位人们很少用,从我们日常生活中的计量单位来看,它非常非常小。

5.（第27篇）猴子拼图就是一个常见的例子:你有 25 个方块,各有 4 条边,每条边上画着半个猴子(头或尾巴)。猴子共有 4 种颜色,你必须将这 25 个方块拼在一起,形成一个 $5 \times 5$ 的大方块,这样每个拼接处都有一个完整的猴子——颜色相同,头尾相接。要想找到正确的拼图结果,总共要尝试多少种方法呢? 放置第一张有 25 种可能,第二张就有 24 种可能,第三张有 23 种,以此类推。因此,总共有 $25 \times 24 \times 23 \times 22 \times \cdots \times 3 \times 2 \times 1 = 25!$ 种可能,但是每张卡片还有 4 种摆放方向,这样就又多出了 $4^{25}$ 种可能的摆放方向。因此,要找到正确的拼图方案,总共需要尝试 $4^{25} \times 25!$ 种放置方式。这个数字奇大无比。如果我们要将它完整写出来,页面上根本写不下;如果让电脑以 100 万每秒的速度对这么多种方式进行一一排查,也要花上 $5.333 \times 10^{27}$ 年才能找到正确答案。而相比之下,我们的宇宙才膨胀了 137 亿年。

6.（第32篇）注意,如果最优秀者排在第 $r+1$ 个,我们直接跳过前 $r$ 位候选人,就一定能选到这位最优秀者,但这种情况发生的概率只有 $1/n$。如果最优秀者排在第 $(r+2)$ 个,选中此人的概率就是 $(1/n) \times r/(r+1)$。继续朝后面排,我们就会看到,选中的总概率就是这些量的总和,即 $P(n,r)=(1/n)\times[1+r/(r+1)+r/(r+2)+r/(r+3)+r/(r+4)+r/(r+5)+\cdots+r/(n-1)]\approx(1/n)\times[1+r\ln[(n-l)/r]]$。其中,当 $n$ 越来越大时,这个级数就趋向最后这个量。对数 $\ln[(n-l)/r]$ 最大值为 e,即 $e=(n-1)/r=n/r$(当 $n$ 很大时)。因此在这里 $P(n,r)$ 的最大值为 $P\approx(r/n)\times\ln(n/r)\approx1/e\approx0.37$。

7. (第 32 篇)更确切地说,如果跳过前 $n/e$ 位候选人,当 $n$ 较大时,找到最优秀者的概率接近 $1/e$,其中 $e=2.7182\cdots=1/0.37$,这个数学常量正是自然对数的底数。

8. (第 34 篇)一个人与你生日不同的概率为 364/365,如果有 $G$ 名客人并且他们的生日是相互独立的,那么他们当中没有人与你同一天生日的概率为 $P=(364/365)^G$。因此,其中有一位客人与你同一天生日的概率为 $1-P$。随着 $G$ 越来越大,$P$ 就越来越接近于零,因此你与一位客人同一天生日的概率接近于 1。我们可以检验一下,当 $G$ 大于 $\ln0.5/\ln(364/365)\approx253$ 时,则 $1-P>0.5$。

9. (第 34 篇)同样,先算出他们相互生日都不重合的概率要简单些。如果总共有 $N$ 人,那么这个(没有人同一天生日)概率就是 $P=(365/365)\times(364/365)\times(363/365)\times\cdots\times[365-(N-1)]/365$。其中,第一项指第一个人一年 365 天随便哪一天出生都行;第二项指第二个人的生日与第一个人不同的情况,于是就只有 364 种可能;第三项指第三个人与前两位生日都不重合的情况,因此就只有 363 种可能;以此类推,直到第 $N$ 个人不与前面任何人生日相同的可能性就只有 365 减去 $N-1$ 种。因此,所有客人当中出现两人同一天生日的概率为 $1-P=1-N!/\{365^N(365-N)!\}$,当 $N>22$ 时,$1-P>0.5$。

10. (第 40 篇)如果将 95% 的确定性改成其他数字,设为 $P\%$,那么,图中的三个区间长度分别为 $(1-P/100)/2$、$P/100$ 和 $(1-P/100)/2$(将 $P=0.95$ 代入式子,跟前面的答案对照一下)。同理,可以得出在 $A$ 区间,将来是过去的 $[P/100+(1-P/100)/2]/[(1-P/100)/2]=[100+P]/[100-P]$ 倍长。

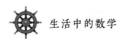 

这样一来,我们有 $P\%$ 的把握预测事物在未来至少还能存在已存时间的 $[100+P]/[100-P]$ 倍之久,但最多不超过 $[100-P]/[100+P]$ 倍。当 $P$ 趋近 $100\%$ 时,预测的确定性就越来越低,因为它们必须要更为肯定。如果我们想要 $99\%$ 的概率,那么它至少将存在已存时间的 $1/199$ 倍,但不超过 $199$ 倍。另一方面,如果我们让确定性降到 $50\%$,那么可能的时间间隔就为已存时间的 $1/3$ 到 $3$ 倍之间:这个时间间隔很短,但准确率却很低,所以大可不必担心。

11.(第 44 篇)麦克劳林级数可用单变量 $x$ 的函数 $f$ 的多项式近似表示。塔姆将它记为 $f(x)=f(0)/1+xf(0)/2!+\cdots+x^nf^{(n)}(0)/n!+R_n$,其中 $R_n$ 是误差,即按要求取 $f(x)$ 前 $n$ 项之后的余数($n=1,2,3,\cdots$)。塔姆要算的余数项可表示为 $R_n=\int_0^x x^nf^{(n+1)}(t)/n!\ \mathrm{d}t$。如果这个首领不够聪明的话,他可能要塔姆化简这个表达式。利用平均值原理就可将此式化简为:$R_n=x^{n+1}f^{n+1}(y)/(n+1)!$,其中 $y$ 是介于 $0$ 和 $x$ 之间的某个数值。麦克劳林(Colin Maclaurin)是与牛顿同时期的苏格兰人。

12.(第 47 篇)该近似值对于很小的利率值 $r$ 正合适。如果想更精确,就将 $\ln(1+r)$ 近似为 $r-r^2/2$,就得出近似值 $n=0.7/[r(1-1/2r)]$。当利率为 $5\%$ 时,$r=0.05$,要让投资翻倍就需要 $14.36$ 年,而不是 $14$ 年。

13.(第 51 篇)这个式子巧妙地运用了物理学中的"量纲法"。泰勒想知道球形爆炸发生(称为起爆时间 $t=0$)后时间 $t$ 内形成的球体半径 $R$。通常认为,$R$ 取决于炸弹释放的能量 $E$ 和周围空气的初始密度 $\rho$。如果存在一个公式 $R=kE^a\rho^bt^c$,其中 $k,a,b,c$ 都是待定数字,因为能量的量纲为 $ML^2T^{-2}$,空气密度的量纲为 $ML^{-3}$($M$ 为质量,$L$ 为长度,$T$ 为时间),则必然有 $a=1/5,b=-1/5,c=2/5$。因此,该公式为 $R=kE^{1/5}\rho^{-1/5}t^{2/5}$。设常数 $k$ 非常接近 $1$,便可得出所释放的能量接近于 $E=\rho R^5/t^2$。通过比较几张图片,你也可以确定 $k$ 值。

14.(第 53 篇)是大象!

15.（第 53 篇）任何一个三位数 ABC 都可以写成 $100A + 10B + C$。第一步将该数字顺序颠倒，得到 $100C + 10B + A$，两数之差为 $99|A - C|$，其中竖线为绝对值符号。现在，$A - C$ 的绝对值应该在 2 到 9 之间，乘以 99 便得到 99 的倍数，它们都是三位数，有 8 种可能：198，297，396，495，594，693，792 和 891。注意看，十位上的数字总是 9，而百位上的数字和个位上的数字相加总得 9。因此，无论你将哪个数字跟它的颠倒数字相加，结果都是 1089。

16.（第 54 篇）如果执政党领导人平常说真话的概率为 $p$，那么，这次他讲了真话的概率为 $Q = p^2/[p^2 + (1 - p)^2]$。就我们文中的例子而言，$p = 1/4$，就得出概率 $Q = 1/10$。验证可知，当 $p < 1/2$ 时，$Q$ 始终小于 $p$；而当 $p > 1/2$ 时，$Q$ 始终大于 $p$；而当 $p = 1/2$ 时，$Q$ 也等于 $1/2$。

17.（第 55 篇）更详尽的解说，参见牛津大学出版社 1999 年出版的黑格（John Haigh）《冒险》（*Taking Chance*）一书的第二章。要算出任何结果，必须有两个重要的量：选中 $r$ 个球的概率为 $C_6^r C_{43}^{6-r}/C_{49}^6$，以及从 $n$ 个不同数字中可选 $r$ 个不同数字的可能组合数 $C_n^r = n!/[(n - r)! \, r!]$。

18.（第 61 篇）写出一个斐波那契整数数列（从第三个数字起，每一个数字都是它前面两个数字之和），如 1，1，2，3，5，8，13，21，34，55，89，…，将数列中的第 $n$ 个数记作 $F_n$，就写出这类例子：将正方形 $F_n \times F_n$ 重新排列成了矩形 $F_{n-1} \times F_{n+1}$。在我们画出的例子中，$n = 6$，$F_6 = 8$。其中正方形和矩形的面积差由卡西尼恒等式给出：$(F_n \times F_n) - (F_{n-1} \times F_{n+1}) = (-1)^{n+1}$。因此，当 $n$ 为偶数时，等式右边等于 $-1$，矩形比正方形面积大；但当 $n$ 为奇数时，我们将正方形变为矩形时"丢失"了面积 1。值得注意的是，无论 $n$ 值为多少，差值总是 $+1$ 或 $-1$。这一难题是由卡罗尔提出的，并于维多利亚时代在英国盛行。参见科林伍德（S. D. Collingwood）《路易斯·卡罗尔画册》（*The Lewis Carroll Picture Book*），伦敦的费舍尔·昂温出版社出版，1899 年，pp. 316—317。

19.（第 62 篇）详情请见萨里的《数学视野》（*Maths Horizons*）一书中"如果

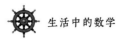 

你想操纵选举"一节,2000 年 11 月出版。

20. (第 77 篇)托尔库斯基指出,要想让所有的入射光进入钻石后在第一个面就全部内反射,那么,下部斜面与水平面的倾斜角度应为 48°52′。第一次内反射后,光线会射到第二个倾斜面上,如果这个面与水平面的倾斜角度小于 43°43′,光线又会被完全反射。要想让光线沿着竖直方向附近(而非靠近钻石的水平面)离开,以便出射光达到最好的色散效果,其最佳角度应该为 40°45′。现代切割技术常常要稍微偏离这些值,目的是为了迎合人们对钻石风格的个性化、多样化的需求。

21. (第 85 篇)对于任意两个量 $x$ 和 $y$,都有 $1/2(x+y) \geqslant (xy)^{1/2}$,这一结果可由 $(x^{1/2} - y^{1/2})^2 \geqslant 0$ 推出。这个式子也展现出几何平均值独有而算术平均值没有的一个迷人之处:如果 $x$ 和 $y$ 的计量单位不同(如美元/盎司和英镑/千克),那你就不能比较不同时期的 $(x+y)/2$。要想比较,必须让 $x$ 和 $y$ 的单位统一;但几何平均值 $(xy)^{1/2}$ 能用于不同时期的相互比较,即使 $x$ 和 $y$ 的单位不同,也没有丝毫影响。